世界最南端のワイン産地

ニュージーランドのワイン産業

星野ワンケイ・下渡敏治 著

サスティナブルなワイン生産の一環として雑草管理のためにブドウ畑に放牧されている羊：Yealands Estate winery in Marlborough

筑波書房

Hans Hernzog Estate Winery の Celler door

Hans Hernzog Estate Winery のワイン貯蔵庫

シャルドネ（Chardonney）/ Soljan Estate Winery, Auckland

Organic certifiedの認証を受けたHans Hernzog Estate Winery のブドウ畑

Hans 一家がスイスを離れてニュージーランドに移住した当時の住居

秋のブドウ畑の風景 / Autumnan vineyard in the Brancott valley

世界最南端のワイン産地

ニュージーランドのワイン産業

星野ワンケイ・下渡敏治 著

Wine Industry in New Zealand

Historical Perspective, Market Structure, Strategy, Performance, and Policy

Wankei Hoshino / Toshiharu Shimowatari

筑波書房

Wine Industry in New Zealand

Historical Perspective, Market Structure, Strategy, Performance , and Policy

Wankei Hoshino

Toshiharu Shimowatari

はしがき

人口450万人のニュージーランドはシンガポールや香港（現在の中国）、ブルネイ、ルクセンブルクなどと並んで世界の人口小国のひとつに数えられる。一方、国土面積は27万534km^2（日本の４分の３）と決して小さくはない。産業と同じように、国家の繁栄にも国土面積と人口規模に適正規模があるのかもしれない。中国やインドのように国土が広く人口の多い国は制御するのに巨大なエネルギーを必要とするが、シンガポールのような都市国家は国の制御が容易であり、これが資源小国の経済発展を可能にしてきた。ニュージーランドもそれに近い。ニュージーランドは１km^{2}あたりの人口が16.5人と世界で最も人口密度の低い国のひとつであり、これに対して羊の数は人口のおよそ７倍に当たる3,126万頭に達しており、羊や牛の数が人口よりも多いことでも知られている。ニュージーランド人の一日はカフェーの朝食に始まり、５時に仕事を終えると家族や友人との余暇時間に変わる。ヨットや釣り、ジョギング、ガーデニングなどなどそれぞれの趣味を生かして余暇時間を楽しんでいる。豊かさの指標を何に求めるかは国や個人の価値観によって異なるが、ニュージーランド人は余暇時間を大切にするため、仕事を終えると残りの時間を自分たちの思いのままに使っている。

ニュージーランドは清楚な国である。ニュージーランドの人口構成は最も多いヨーロッパ系がおよそ７割弱を占め、マオリ系が15％程度、ポリネシア系が約７％、アジア系がおよそ９％を占めているが、国民は公平公正（rule）を尊び、国民性は極めて穏やかで純粋（pure）である。

もし世界の豊かさを計る尺度のひとつとして、GDP（国内総生産）やNNW（国民福祉指標）とは別に「環境満足度」という指標が存在したら、ニュージーランドは間違いなく世界の１、２を争う「環境先進国」「環境大国」

に認定されるであろう。

ニュージーランドのワイン産業は、世界のワイン生産国の中でも特異な存在である。ワインの流通量と輸出先が限定されていることもあって、イギリス、オーストラリア、アメリカなどの特定の国を除いてその存在があまり知られていない。執筆者の二人も、数年前までニュージーランドのワイン産業の存在を知らなかった。そのニュージーランドで、旧世界ワインにも引けを取らない高品質の優れたワインが生産されていることを知ったのは数年前である。本書は、世界のワイン生産国の中で一般の人にはあまり馴染みの薄い、いわば無名に近いニュージーランドのワイン産業に焦点をあてて、その内容を大まかにスケッチしたものである。研究の理由は３つある。

第１の理由は、ニュージーランドにおいてワイン産業が急速に発展したことである。1990年代まで家族経営による家業的な営みとして続けられてきたワイン生産が、2000年代以降に急速な発展を遂げたのはなぜか、その理由を明らかにしたいと思ったのが研究の始まりである。第２の理由は、世界のワイン市場の変化である。ワインには大きく分けて、フランス、イタリア、スペインなどの旧世界ワインとアメリカ、カナダ、チリ、アルゼンチン、オーストラリア、南アフリカなどの新世界ワインの２つがあるが、2010年以降、旧世界ワインが支配的だった世界のワイン市場にリーズナブル（reasonable）な値段で、尚かつ飲み心地が良く、しかも作ったらすぐに飲める新世界ワインが大量に進出したことによって、これまで世界の多くの消費者にとって遠い存在であったワインが身近に感じられるようになったことである。新世界ワインは、世界のワイン市場にどのようなインパクトを与えたのか、それを明らかにしてみたいというのが二つめの理由である。

三つ目は、地球規模で深化しつつある環境問題とワイン生産との関連である。ワインは自然環境や気候風土と密接な関係を持った産業であり、ニュージーランドワインの優位性の原点は、その独特の「テロワール」にあると言ってよい。地球規模で生起している気候変動は、食料生産にも深刻な影響を及ぼしており、各国の政策担当者は環境問題に対する対応策を提示する必要に迫られている。ワイン産業もその例外ではない。ニュージーランドのワイン産業が取り組んでいる持続可能なワイン生産は、環境問題に対するひとつの対応方向を提示している可能性がある。これが３つめの理由である。

以上の問題意識と挑戦こそが本書の主要なテーマである。本書は、執筆者のひとり（星野）がニュージーランドで収集した資料やアンケート調査に加えて、執筆者二人が2013年と2015年の８月に、ニュージーランドのワイン産業と関連組織を対象に実施したヒアリング調査結果をもとに取り纏めたものである。分析に必要な統計資料の収集に手間取ったり、実態調査に十分な時間が確保できなかったことに加えて、限られた短い期間内での執筆となり、内容的に不十分な箇所や正確さを欠いているところも多いものと思われる。読者のご叱正をお願いしたい。

2017年立春

星野　ワンケイ

下渡　敏治

目　次

序章

ニュージーランドにおけるワイン産業の展開と本書の構成

1．本書の課題と研究の背景

本書は、2000年代以降ニュージーランドにおいて急速な発展を遂げたワイン産業の歴史的経緯、構造的特徴、ワインのサプライチェーン、需要条件、ワインクラスター、ニュージーランドワインの国際リンケージなどについてその実態を理論的、実証的に整理することを目的に編まれたものである。

ニュージーランドは世界で最も南に位置するワインの産地であり、米国のカリフォルニア、オーストラリア、南アフリカ、チリ、アルゼンチンなどとともにワインの新興産地として世界中のワイン愛好家に最も注目されているワイン生産国のひとつである。ニュージーランドは不思議な国である。オーストラリアの東南に浮かぶ二つの島から成り立っているこの国には450万人の人口よりも遙かに多い3,126万頭の羊と373万頭の乳牛が飼育されており、世界60カ国に輸出されている特産品のキウイフルーツ、リンゴなどの果物類の生産も盛んである。豊かな自然環境の下で生産された酪農品や木材などの輸出がニュージーランドの経済を支えてきたが、旧宗主国であるイギリスのEEC（ヨーロッパ経済共同体）への加盟によってイギリスに大きく依存してきたチーズやバターなどの酪農品の優遇措置が受けられなくなり、酪農に偏った産業構造からの転換を迫られたニュージーランド政府が気候条件の面からも成長の可能性の高い有望な産業のひとつとして着目したのが嘗ては規制の対象であったワイン産業であった。

ニュージーランド北部のケリケリに、オーストラリアから葡萄の樹が持ち込まれたのは1819年である。ニュージーランドで本格的な葡萄栽培が開始されたのが1835年、その40年後の1875年には南島でも葡萄の栽培とワインの醸造が始まった。ニュージーランドに最初に葡萄の栽培とワインの醸造を広めたのは「ミサ」の必需品であるワインを必要としたキリスト教の伝道者達であった。キャプテン・クックによって発見されたニュージーランドにも、ヨーロッパ大陸と同じようにキリスト教の布教と葡萄栽培によるワインの醸造が密接な関係を持ちながら広がっていったのである。1970年代になると、ワインの醸造を生業とするワイン・メーカーが出現するが、その後、20世紀の初頭に制定された酒類製造とアルコール類の販売の規制によってニュージーランドのワイン産業は停滞を余儀なくされた。細々と継続されていたワイン醸造に弾みがつくのは、大量のワイン需要が発生した第二次世界大戦中のことである。戦争特需によるワイン価格の高騰は、家族経営によって細々と存続してきたワイン醸造所に設備投資の機会をもたらした。ところが、戦時中、多くのワイン醸造所が儲け主義に走ったために、ワインの品質が急速に低下した。つまり、戦時中から戦後間もない日本酒の酒造りがそうであったように、ニュージーランドでも急増したワイン需要を賄うために、ワインの原酒に水や砂糖を加えた粗悪なワインが流通するようになり、驚くべきことにこうしたワイン生産が1980年代初頭まで続いたのである。

ニュージーランドで近代的なワイン醸造が開始されたのは1973年頃からであり、葡萄栽培とワイン醸造の研究で世界的に有名なドイツのガイゼンハイム研究所のベッカー博士によって、ニュージーランドのワイン産地のひとつであるギスボーンで、ガーゼンハイム研究所で開発された「ミュラー・トゥルガウ」という品種のブドウの栽培が開始されたことがきっかけである。ガーゼンハイム研究所は、人体に有害な亜硫酸無添加ワインの醸造技術を開発したことでも知られており、その後、ニュージーランドでも「プロヴィダンス」などの高級ワインの醸造に、亜硫酸無添加の技術が導入されるようになった。しかしながら、1985年から1986年にかけて、原料ブドウの生産過剰によるブドウの大減反が実施されることとなり、全ブドウ栽培面積の４分の１にあたる大量のブドウの木が伐採された。また、1985年には西オーストラリアのケープマンテルのデビッド・ホーナンが、マールボロでクラウデイ・ベイ・ソーヴィニヨン・ブランクを栽培し評判となった。1990年代に入って、ヴァラエタルワインブームの到来と近代技術の導入によって、低品質ワインの醸造による市場の混乱と停滞状態に陥っていたニュージーランドのワイン生産が大きく発展することとなった。1993年には、北島のワイン産地マタナカで亜硫酸無添加ワイン「プロヴィダンス」がリリースされ、1996年には「原産地統制呼称法（CO: Certified Origin）が制定された。またこの時期に、持続可能なワイン生産を目指したSustainable Wine New Zealand（SWNZ）が設立され、ニュージーランドのワイン生産が本格的な発展に向けて歩み出した。2000年代になると、大手ワイン製造企業のMontana社が競争相手であるオーストラリアのCorban社に対抗するために、国内のワイン製造企業を次々に吸収合併するなどワイン製造企業の規模拡大の動きが活発化した。2002年には、New Zealand Winegrowers Association、The Wine Institute of New Zealand、New Zealand Grape Growers Councilの３つのワイン関連組織が設立された。翌2003年には、ワインの醸造から輸出までの包括的な基準を定めたワイン法（Wine Act 2003）が制定され、ニュージーランドにおけるワイン産業の本格的な発展に向けての条件整備が整ったのである。その後、ニュージーランドのワイン産業は急速な発展期を迎えることとなり、2003年当時421社であったワイン製造企業は2013年には703社へと1.66倍に急増し、それに伴ってブドウ生産農家の数も625から824へと1.31倍に、ワインの生産量も同期間内に5,500万ℓから19,400万ℓへと3.52倍に大きく拡大した。

以上のように、ニュージーランドのワイン産業は2000年代以降、急速な発展を遂げたが、ニュージーランドのワイン産業が原料ブドウ生産、ワイン醸造、流通（販売）、輸出、観光などを含めて地域経済の中で重要な役割を果たしているのにも拘わらず、ワイン産業の経営経済的な側面に関する研究は皆無に近い状況にある。したがって、ニュージーランドのワイン産業の歴史的経緯、ワインの競争構造と企業行動、ワインの流通とサプライチェーン、ワインの需要構造、マールボロで展開されているワインクラスターの形成、国際ワイン市場とのリンケージ、ワインに関する制度・政策を明らかにすることは、ワイン産業の発展に必要な研究資料を提供することになり、意義あるものと判断し、本書を刊行することにした。ワイン産業とりわけその重要な構成主体であるワイン製造企業を取り巻く経済環境、市場条件はますます複雑になり、なおかつ急速に変化している。この変化の推進力はグローバリゼーションの進展であり、世界中で220以上に達しているFTA（自由貿易協定)、EPA（経済連携協定）などの地域統合の動きである。グローバル化と地域統合の進展はニュージーランドのワイン産業に対しても大きなビジネスチャンスとともに様々な課題を突きつけている。

本書の目的は、ニュージーランドのワイン産業が直面している課題と問題点を可能な限り的確に把握し、ワイン産業の今後の展開方向について試論的なフレームワークを提示することにある。

２．本書の構成

本書の概要を簡単に紹介しておこう。本書は９つの章から構成されている。第１章「ニュージーランドにおけるワイン産業の成立と歴史的展開」では、1819年にケリケリの地にニュージーランドで最初となるブドウの樹が植栽され、その約20年後の1835年に初めてワインが醸造されて以降、2000年代に産業としての本格的な発展期を迎えたニュージーランドのワイン産業の歴史的経緯を整理した。第２章「原料ブドウ生産とワイン製造企業の原料調達」では、まずニュージーランドにおける原料ブドウ生産の動向を品種別、産地毎に整理し、それを踏まえてワイン製造企業の原料ブドウの調達行動が自社生産とブドウ生産農家との契約栽培・契約取引に二極化しつつあること、さらにこうしたワイン製造企業の原料調達行動の決定要因と原料調達の課題について検討した。第３章「ワインの産業組織—市場構造と市場行動」では、代々家族経営を基本に営まれてきたニュージーランドのワイン製造企業が、2000年代以降の急激な企業数の増加と大規模ワイン製造企業の出現によって少数の大手ワイン製造企業による寡占化が進展し、こうした中でワイン製造企業のおよそ９割を占める小規模ワイン製造企業が、高品質の原料ブドウを使用した製品差別化と多様な流通チャネルの活用によって市場に適応し存続していることを明らかにした。第４章の「ワインの流通とサプライチェーン」では、ニュージーランドにおけるワインの流通が国内市場向けと国際市場向けの二つのサプライチェーンに分かれており、流通しているワインには製品（ボトルワイン）と半製品（バルクワイン）の２種類があり、それぞれに異なったサプライチェーンが形成されていることを明らかにした。第５章「ワインの需要構造―国内需要と海外需要」では、人口450万人と絶対的な需要不足経済下にあるニュージーランドのワイン産業が、ワインの需要が拡大している国際市場を軸に展開していることを、主要輸出先国であるオーストラリア、イギリス、アメリカ、中国等へのワインの輸出変化から検証し、さらに近年、輸出が大きく増加しているカナダ、オランダ、中国などを含めた６つの主要輸出国への輸出トレンドを回帰分析によって明らかにした。第６章「政府主導によるワイン･クラスターの形成―マールボロ地区の事例―」では、ニュージーランド最大のワイン産地であるマールボロに焦点をあてて、マールボロのワイン産業が急速な発展を遂げた最大の要因はワイン・クラスターの形成にあったという仮説をもとに、マールボロにおけるワイン・クラスターの形成が「民間主導」によるワイン・クラスターではなく「政府主導型」によるワイン･クラスターであることを実態調査によって明らかにした。第７章「持続可能なワイン生産の展開」では、ニュージーランドのワイン産業の発展要因のひとつとして持続可能な農法で生産されるニュージーランドワインが環境問題に敏感な国際市場の消費者の支持を得ていること、環境問題に適合的な持続可能なワイン生産という戦略が、ニュージーランドワインの市場拡大に繋がっていることを関係機関への実態調査によって明らかにした。第８章「ニュージーランドワインの国際リンケージ」では、ニュージーランドワインがワインの国際市場とどのように繋がっているのか、2006年と2014年の二つの時点を比較することによって、主要輸出国へのワインの輸出変化とワインの貿易（輸出）フローを、オーストラリア、イギリス、アメリカ、カナダ、オランダ、その他の国々を対象に分析した。第９章「ワイン産業と政府の政策」では、2002年に制定されたワイン法を中心に、ニュージーランド政府がワインの生産、安全管理、輸出等に対してどのような支援策や規制を実施しているか、その概要と課題について検討した。終章「ワイン産業の展開方向」では、各章の分析結果を踏まえながら、近年、加速している大手ワイン製造企業による企業買収、合併などによる企業統合、業界再編の進展によってニュージーランドのワイン産業が大きな転換期を迎えつつある中で、今後、ニュージーランドのワイン産業は規模の経済性を追求する大手ワイン製造企業と多品種少量生産によってニッチ市場向けに個性的なワインを生産する小規模ワイン製造企業との二極化が進み、その結果、ワイン製造企業数がさらに減少する可能性が高いこと、旧世界ワインと新世界ワインが入り混じった国際ワイン市場でのサバイバル競争がさらに激化する可能性が高まっていること、ニュージーランドのワイン産業が国際市場で生き残っていくにはセグメントされたワイン市場の中で明確なターゲット市場を設定し、これまで以上にアグレッシブでなお且つフレキシブルな輸出マーケティングが重要であることなどを試論的に提示した。

第1章

ニュージーランドにおけるワイン産業の歴史的展開

1．ニュージーランドにおけるワイン生産の歴史

ニュージーランドのワイン産業は、ワイン製造企業のおよそ9割を占める小規模ワイナリーが多品種少量生産によって個性的なワインを生産している点にひとつの特徴がある。フランス、イタリア、スペインなどのいわゆる旧世界ワインに比べて歴史が浅く、2000年代以降に急速に発展したニュージーランドのワイン産業のもうひとつの特徴は、ワインが主に輸出用に生産されていることであり、主に国内消費を目的に生産されてきたヨーロッパなどの旧世界ワインとは大きく異なっている点である。以上のようなニュージーランドのワイン産業の性格は、ニュージーランドの国内市場と大きく関わっている。人口450万人のニュージーランドでは、699社のワイナリーが生産しているワインの全量を国内市場だけで消費するには余りにも市場規模が小さいことから、生産されたワインの大部分は国際市場向けに輸出され、輸出指向型のワイン産業が形成されている。

イギリスの植民地時代に入植者によって始まったブドウの栽培とワインの醸造には、180年の歴史が刻まれているが、しかしその2世紀近くにわたる歴史をみると、ワインの産地もブドウの栽培技術も醸造方法も大きく変化してきたことが判る。本章では、ニュージーランドのワイン産業の分析に入る前に、まずニュージーランドにおけるワイン生産の歴史と主要なワイン産地の概要を整理しておくことにする。

1819年、入植者サミュエル・マースデンがニュージーランドに最初のブドウの木を植栽した場所はベイオブアイランドである。彼は、小さな島々が集

積したベイオブアイランドの中でも最も風光明媚な場所の一つケリケリの河口を見下ろす場所を選んで、そこに最初のブドウの苗木を植樹した。その後、サミュエル・マースデンのブドウ栽培の成功を目の当たりにしたニュージーランド中の農家や医者や事業で成功した製造業者等がこぞってワイン産業に参入した。素晴らしいブドウ畑を選ぶには、土壌の分析と過去数十年間の季節毎の気温の変化の注意深い観察が必要である。素晴らしいワインとは、芸術と技術が組合わさったようなものである。ニュージーランドにおいて本格的なワイン生産が開始された1960年代後半から1970年代初頭にかけては、ニュージーランドの多くのワイナリーがワインの醸造に対する自信とアイデンティティーに欠けていた。ニュージーランドのワイン生産は、クラレットやシャブリやブルゴーニュ、ソーテルヌ、シャンパンと言ったヨーロッパのブランド名を恥ずかしげもなく無断で借用し、まるで地中海に存在しているかのようなヨーロッパ風の豪奢なワイナリーを次々に建造した。

その後、ブドウ栽培に対する時間の経過とワイン醸造の経験を積み重ねたことによって、ニュージーランドワインが徐々に国際的に認知されるにしたがい、ワイン造りのスタイルと品質への自信が生まれるようになっていった。新世界ワインが世界のワイン市場で他の旧世界ワインとの競争で成功を収めるには、それぞれの国・地域に固有の個性を持ったワインであることや、それに見合った価値を提供することが求められるようになっている。

オーストラリアのサウスウェールズ州政府の牧師長であったサミュエル・マースデンによってケリケリに最初のブドウが植栽されて以来、ニュージーランドでは180年に亘ってブドウ栽培がおこなわれており、現在、ワインはニュージーランド中に溢れている。ニュージーランドワインにとって極めて重要な人物の一人であるヴィティス・ヴィニフェラも、初期の入植船で南島に入植したヨーロッパからの入植者であった。彼が南島に入植して以降、ニュージーランドにワイン産業が定着するまでには1世紀以上の時間が必要であった。ニュージーランドが国際的なワイン市場の舞台において注目すべき新しいワイン生産国のひとつとして認知され始めてからわずか15年程しか

表1　ニュージーランドにおけるワイン産業成立の歴史的経緯

1819：Samuel Marsden が Kerikeri.にニュージーランドで最初のブドウの木を植栽。
1835：ニュージーランドで最初のワイン用ブドウ園が開園。 1836：イギリス人入植者-James Busby が入植地の Waitangi で最初のワインを醸造。
1851：ニュージーランド最古のブドウ園は Hawke's Bay にある Mission Estate 内にあるローマン・カソリック協会のフランス人宣教師によって開園された。
1875：マールボロでワインの醸造が開始される。 1881：ニュージーランドのワイン販売を保護するために特別ライセンスが導入された。
1891：ブドウ園でのワインの販売が許可されたが、その量は最大 9.1 ℓ に制限された。
1892：Bernard Chamber は Te Mata 駅に最初のブドウの樹を植えた。
1895：ワイン醸造家 Romeo Chamber はニュージーランドにおける近代的なワイン生産の潜在的可能性を示唆した。
1897：Pinot Noir と Pinot Meumier がニュージーランドで栽培される代表的なブドウの品種となった。
1899：Claret は Syrah, Cabernet Sauvignon と Malbec をブレンドして作られた。また最初に販売されたワインはカソリック教会によるものであったことが記録されている。
1902：Romeo Bragato はワイン先進国のフランスとイタリアで学んだブドウの栽培技術や新たな醸造技術をニュージーランドに導入しワイン産業の改革に着手した。 (1) ニュージーランド政府内に新たにブドウ栽培部門が設置された。 (2) ブドウ栽培の大敵である「フィラキュラ病」に対する予防対策が講じられた。
1906：ニュージーランドを代表する品種 Sauvignon Blanc がヨーロッパから導入された。
1909：Assid Abraham Corban は初めてワインの大量販売記録を樹立し、高品質ワインの迅速な普及に大きく貢献した。
1912：ニュージーランド農務省は、ブドウ生産農家の支援強化を打ち出し、高アルコールで尚且つ非常に口当たりの甘いワインの醸造を推奨した。
1960：Corban's はワインライセンス法の規制緩和を要求し、ニュージーランドワインのイメージアップとワイン文化を醸成するための新たな情景を創り出すことに尽力した。 1960 年以降のワインライセンスの規制緩和（自由化）。 (1) 1960 年にレストランに、翌 1961 年には居酒屋に対してワイン販売のライセンスが許可された。 (2) 1969 年から 1971 年にかけて空港やキャバレーなどに対してワイン販売のライセンスが授与された。
1973：ブドウ栽培、醸造学で有名なドイツのガイセンハイム研究所のベッカー博士によって、ギズボーンでミュラー・トゥルガウの栽培が奨励され、近代的なワイン生産への転換がおこなわれた。 1976：レストランでのワイン消費が可能になったことで、消費者の間でワインブームが起きBYO（ボトルキープ・ワイン）が流行し、ワインに対する法的認識が大きく変化した。
1990：（1）Sauvignon Blanc の生産量が大きく増加し、国内外で高い評価を受けるようになり、ニュージーランドのフラッグシップ・ワインとしての地位が確立された。 (2) 1990 年代の半ばにニュージーランドで始まった持続可能性の動きは、瞬く間にワイン産業に広がり、現在では持続可能なブドウ栽培（SWNZ）によって生産されたニュージーランド産のワインは世界のワイン市場で賞賛されるようになっている。 2000：Montana 社はオーストラリアの主要な競争相手である Corban 社と競争するに十分な大きさのワイナリーを設立するために、国内の競争相手を次々に買収したり吸収合併した。
2000 年代以降：2000 年代に入るまでニュージーランドのワイン産業は初期的な発展段階にとどまっていた。ニュージーランドのワイン産業が本格的な発展期を迎えるのは 2000 年代以降であり、企業数、生産量ともに急激に増加した。

資料：New Zealand Winegrowers 資料より作成。

経っていない。1835年にビーグル号で世界一周中のチャールズ・ダーウィンがニュージーランド北部のベイオブアイランドに寄港した際に、良く育ったブドウの樹を目にした。

オーストラリアのブドウ栽培の父として知られるスコットランド人のJames Busbyは、ニュージーランドで初めてワインを醸造した功績によってその栄誉が称えられている。彼は、1832年に最初の在ニュージーランド英国弁務官にも任命されている。Busbyは、1836年にベイオブアイランドのワイタンギに小さなブドウ園を開園した。

しかし、未熟で経験の浅いニュージーランドのワイン生産は徐々に衰退し始めた。入植者の開拓生活の厳しさは、入植者をしばしば安っぽい強い酒を出す店での深酒に走らせた。こうしたことから、1860年代は、アルコールの摂取を完全に禁止する節酒社会に進んでいくことになった。アルコールのライセンスが公布されるという流れの下で、厳しくアルコールの販売条件が制限された条例（1881年発布）は、ニュージーランドのワイン産業の発展への途を妨げるものであった。1881年から1918年にかけてワイン産業は多くの規制にさらされ、19世紀末にはワイン産業の将来がどちらに転ぶか見通せない状態にあった。その一方で、アルコールの禁止条例に対する業界や消費者からの圧力があり、さらには国家の経済を成長させる新しい産業を見つけるための多くの試みがおこなわれていた。ホークス・ベイに土地を所有する家族の中には、商業的なワイン生産を実践する新しいブドウ生産農家が現れた。彼らはワイパラのワイン醸造家ウイリアム・ピーサムのワイン造りに刺激を受けて、1883年にブドウの栽培を開始し、1897年までの期間にピノ・ノワールとピノ・ムニエからおよそ8,410ℓのワインを醸造した。

1890年代に入って、ニュージーランドは空前のワインブームとなりブームは10年間続いた。すべての市販ワインのおよそ1/4が売り切れ状態となった。ワイン産地のひとつテ・マタのバーナード・チャンバースは、1892年にテ・マタでブドウ栽培を開始した。1909年には、テ・マタはニュージーランドで最大のブドウの生産地となり、54,552ℓのワインが生産されている。

一方、オークランド南部のテ・カウファタにあるブドウ栽培研究所は、８haのブドウ園と小さなワイナリーを所有し、ヨーロッパ全土からブドウの苗木を輸入し、ブドウアブラムシに強いアメリカ産の土台に接ぎ木をする適合性の検査を実施した。ブラガトも試験的なワイン生産プログラムに着手するなど、1920年代から1930年代にかけて緩やかではあるがニュージーランドにおけるワイン産業の成長・発展が確認された。ようやく禁酒の波が過ぎ去り、1934年には、長期に亘った酒類に関する規制緩和の法律が制定された。

1935年の労働党の勢力拡大と長期間に亘る政権維持は、ワイン生産に大きな利益をもたらした。国産ワインの売上高は、第二次世界大戦中に急速に高まり、とくに1942年には、休暇のためにニュージーランドに押し寄せたアメリカの軍人達が、大量のアルコール飲料を求めたことが大量のワイン需要をもたらした。ワインが高値で簡単に売れたことによって、ワイン生産者の経済状況は飛躍的に好転した。ブリキ小屋だったワイナリーはレンガ作りのワイナリーに改築され、木製だったタンクはコンクリート製になり、それまで副業でワインの醸造をおこなっていた多くのワイン製造業者が、次々に収益性の高いワイン製造専門業者に転換していった。

ワイン産業は、新しい酒類ライセンスの拡散からも大きな利益を得ることとなった。1948年以降顕著となったアルコール飲料に対する許認可法の規制緩和の動きは、1960年代以降決定的になった。1976年に制定された新たな酒類の許可制度は、ライセンスを持たないレストランでの顧客に対するワインの飲酒を認める時代遅れとも言えるBYO（Bring Your Own：自己持込）に法律上の承認を与えた。

しかし、1960年代から1970年代にかけてのワイン産業の好況後の1980年代初頭にかけては、ブドウの過剰生産がワインの供給過剰をもたらす結果となった。それと同時に、労働党政権によって、1984年11月の予算案で、テーブルワインの販売税が１本54セントから99セントのおよそ２倍に引き上げられたことによって、ワイン需要が大きく減退した。1986年２月には、ニュージーランド政府がワイン生産の抑制に乗り出し、１千万ドルを上限にブドウの木の伐採プログラムに資金提供を申し出た。このプログラムによって、全国のブドウ園の1/4に当たる1,517haのブドウの木が伐採されたのである。

政府はブドウ伐採計画に資金を提供する一方、1985年に海外のワインに対する規制の撤廃を加速させる動きにでた。1990年代中頃までに、ワインに対するトランス・タスマン関税を完全に撤廃し、オーストラリアのワイナリーにもニュージーランド市場で、国内のワイン生産者と同じ条件で競争できることを認めることに同意した。その結果、2000年にはオーストラリアなどからの輸入ワインが、ニュージーランドのワイン市場全体の４割を占めるようになり、安い樽詰めのワインからボトル入りのワインに至るまで広く市場に浸透した。

話を戻そう。ワインの生産とブドウの栽培は、ニュージーランドが植民地であった1800年代にまで遡る。ニュージーランドの英国弁務官であり、尚かつワイン醸造の専門家でもあったジェームス・ブスバイは、1836年初頭にワイタンギにある自分の土地でワインの醸造を試みた。ニュージーランドで現存する最も古いブドウ園は、1851年に、ホークス・ベイの布教団地区の中にあるフランスのローマン・カソリック教会の宣教師によって造られたものである。

以上のように、180年の歴史を持つニュージーランドのワイン産業は、経済の根幹を形成している畜産業とその生産物である酪農品の輸出産業としての重要性やワインに対する規制と禁酒の歴史、文化的要素としてのビールや蒸留酒を好む英国移民の圧倒的な優位性などによって、ワイン産業は国民経済の歴史のうえで長期間に亘って、経済的な重要性の観点から見ても取るに足らないマイナーな産業に過ぎなかったのである。

しかし1960年代末から1970年代の初頭にかけて、ワイン産業の発展を阻害してきた経済、立法、文化の３つの要素が一斉に歴史的な大転換を遂げることとなった。1973年、旧宗主国の英国がヨーロッパ経済共同体（EEC）に加盟したことによって、長年続いてきたニュージーランド産の肉類や乳製品に対する優越的な貿易条件が終焉を迎えた。そしてこの英国のEECへの加盟が、畜産部門と酪農品の輸出経済に依存してきたニュージーランドの農業セクターを劇的な再構築に導くことになった。この農業セクターの再構築が完全実施される以前からニュージーランドでは、従来の畜産物や酪農品などの伝統的なプロテイン製品に依存した経済から、より高い経済的効果が得られるポテンシャルを秘めた農産品への多角化が模索されていた。とりわけ、従来、あまり見向きもされなかった牧草地の片隅などに植えられていたブドウの木は、少ない水分とそれほど肥沃ではない土壌環境の中でも高い生産量が得られる農産物であることが見直されるようになってきた。1960年代の末に制定された「パブは平日の仕事終わりの1時間だけ開店し、日曜日は終日閉店という "Six O'clock Swill"」と呼ばれるニュージーランドの飲酒に関する規制が廃止された。同じ立法上の制度変更によって、レストランへのBYOライセンスが認められた。そしてこのことが誰もが予想しなかった影響として、ニュージーランド国民のワインに対する文化的なアプローチを実現することになった。1960年代の終り頃から1970年代の初頭にかけて、ニュージーランドの若者達がヨーロッパなどに海外旅行に出かけるようになり、彼らは旅行先に住みつき、そこで働く "海外経験者" が増加するようになった。若者たちの海外経験によって培われた文化的な現象が、ニュージーランドのワイン産業を発展させる原動力になり、その結果、1960年代には、ニュージーランド国民にヨーロッパの洗練されたワイン文化を直に経験するという海外経験の大切さを認識させることとなった。

ワイン産業は、ニュージーランドの中で最も急速に成長した食品セクターのひとつであるが、現在、ワイン産業とりわけワイン醸造部門は、ワインの生産を効率的に実施するために必要な生産数量と企業規模の実現、さらに環境と調和した高品質の原料ブドウの栽培という点においてシステム化と組織化への挑戦という重要な課題に直面しており、中長期的な視点からこれらの課題に挑戦していく新たな段階を迎えている。

2．主要なワイン産地の特徴

世界で最も南に位置するニュージーランドのワイン産地は、最南端のセントラル・オタゴ（47° S）から亜熱帯気候に属したノースランド（36° S）に至るまで、1,600km（1,000マイル）の広い範囲に跨って分布しており、これらのワイン産地で栽培されているワイン用のブドウの栽培は、海洋性気候による温暖な気候の恩恵を受けて、長い日照時間と昼間と夜間の日格差の大きな気温は豊潤でフルーテイな味のワイン用ブドウを生産することで知られている。

ワインの原料となるニュージーランド産のブドウは、その純度と強度によって適度な酸味と独特の風味を備えたワインの醸造を可能にしており、北島の東海岸の大半と南島の北部と中部に10のワインの産地が形成されており、それぞれに個性的でなお且つ多様性に富んだワインが醸造されていることで知られている。以下に、ニュージーランドのワイン産地の特徴を整理しておこう。

1）ノースランド（Northland）

ニュージーランドで最初のブドウの木は、1819年にローマン・カソリック教会の宣教師であったサミュエル・マースデンによって北島に植えられたと言われている。さらに、クロアチアからこの地に入植したgumdiggersは彼らが長年に亘って培ってきたヨーロッパのワイン醸造の伝統的技法をノースランドにもたらした。ノースランドを系譜とするニュージーランドのワイン製造企業の多くは、今日のニュージーランドのワイン産業の基盤を形成している。

距離的に海に近く、このため湿気が多く晴れた日の多い温暖なノースランドはほぼ亜熱帯に近い気候条件を備えており、ブドウの生育期間は国内の他のいずれのワイン産地よりも短く、年間の平均気温の総量はブドウを熟成させるのに適しており、ブドウ園の土壌は農地の地下150mに堆積した粘土質のローム土壌で覆われている。

ノースランドで醸造されている赤ワインはスパイシーなシラーのほか、スタイリッシュなカベルネ/メルローをブレンドしたピノタージュ､複雑なシャンブルサンを含んだ独特のワインスタイルを醸し出しているシャルドネや人気の高いピノ・グリがとくに有名である。

2）オークランド（Auckland）

オークランドという大消費地に恵まれたオークランドのワイン産地は多様性に富んだ複数の小さな産地から成り立っている。オークランドには、最高級のワインを生産しているニュージーランド最大のワイン会社や小さなブティックのようなブドウ園の本拠地でもある。オークランドは、ワイヘキ、西オークランド、マタカナの３つのワイン産地によって構成されており、それぞれに個性的で質の高いワインを生産していることで知られている。

①　ワイヘキ島（Waiheke Island）

そのひとつワイヘキ島は、美しい景観と自然条件によってユニークなテロワールを備えている。ワイヘキを包み込むように暖かく乾燥した海洋性気候は、この島で生産されるワインに味の強度とともに品質の深さとフルーテイな純度の高さを醸し出しており、ヴィオニエ、プティ・ヴェルド、シャルドネ、モンテプルチャーノなどを使用したワインのほかに、他の品種をブレンドしたワイン造りもおこなわれている。とりわけ、ボルドー・ブレンドで有名なロング・シラーは、新鮮で尚且つエレガントでシルキーな味のワインとして知られている。

②　西オークランド（West Auckland）

西オークランドのワインは、ニュージーランドの歴史を偲ばせる最高品質のワインのソースにもなっており、ワインツーリズムに訪れるワイン愛好家達にとって垂涎のワイン・アイテムとなっている。西オークランドの肥沃な土壌と暖かく湿気の多い気候条件はワインの醸造にとっては挑戦的でもあり、経験を積み重ねた多くのワインは、定期的な国際コンクールでの評価も高く多くのワイン愛好家に称賛されている。醸造されるワインの種類の範囲は広く、中でもシャルドネやメルローは西オークランド産ワインのハイライトといってよい。いくつかの大規模なワイナリーでは、ワインの供給を維持するために他の産地からも原料ブドウを調達している。

③　マタカナ（Matakana）

北オークランドからマタカナまでの約1時間のドライブが楽しめるマタカナの美しい丘陵地帯の風景は、ワインツーリズムで訪れる観光客に最も人気の高い場所のひとつである。バインズは比較的最近開発されたワインのブランドであるが、スタイリッシュなピノ・グリ、シラー、さらにはボルドー産に近い赤ワインが生産されており、さわやかで多湿な気候のもとで生産されるブドウは強いボディと質感と温かみのあるスパイシーなワインの醸造を可能にしている。

オークランドの豊富な火山噴火の歴史は、多くのブドウ栽培に欠かせない若い土壌とともに、火山活動によって古代から堆積した硬い岩盤を形成し、層状砂岩、泥岩と風化した粘土質の土壌は、排水管理やクローン選択によるプレミアムワインの生産に適した自然条件を提供している。

3）ワイカト（Waikato）

南オークランドのプレンティ湾に面したワイカト・ベイは農地のローリングによって土地が散乱してポケットを形成しており、小規模ながらも確立されたブドウの栽培方法が実践されている。ワイカトで生産されているワインは、シャルドネを中心に、カベルネ・ソーヴィニヨンとソーヴィニヨン・ブランが第2、第3の位置を占めている。

4）ギズボーン（Gisborne）

強い日差しと緑豊かな景観、歴史を感じさせる町並み、長閑なライフスタイルと刺激的なワインスタイルがミックスしたギズボーンは、ワインツーリズムに訪れる観光客にとって最も魅力的なワイン産地のひとつになっている。長い日照時間と温暖な気候が、ギズボーンのブドウ栽培に最適な条件を提供しており、最新のブドウ栽培技術とウェブサイト選択の進歩によって魅力的なワインを試飲することができるようになっている。問題は夏の終わりから秋にかけての降雨量の多さであるが、丘陵地帯の優れた排水機能によって肥沃な洪水ローム層が形成されているため、アウト平原に堆積した粒の細かいシルト川ロームは芳香族ワイン（fleshierワイン）の醸造に適しており、一方、粘土とシルトロームと重い粘土土壌が混じり合ったワイパオア川の緑豊かな低地氾濫原では若々しいワインが醸造されている。

５）ホークス・ベイ（Hawks Bay）

ニュージーランド第２のワイン産地であるホークス・ベイは、1851年にこの地に初めてぶどうの苗が植えられて以来、多様性に富んだ高級ワインの銘醸地として知られており、アールデコ建築（ネーピア市）と職人気質のワイン生産者の存在によって確立されたワインツーリズムとワイン・トレイルはつとに有名である。ホークス・ベイの温暖な気候と高くあがった太陽の強い日差しは、ワイン醸造の老舗として理想的なブドウ栽培を可能にしており、彼らの遺産であるタラデールの歴史的なワイナリーと1851年にマリストの宣教師によって植えられたブドウの木によって、ニュージーランド国内でも最高品質のワインを生産するワイン産地として国際的な名声を勝ち取っている。

ホークス・ベイは、高品質のブドウの品種を広範囲に作り出すことができる比較的大規模でなおかつ多様な地域から形成されており、最高のボルドーブレンドの赤ワインと香りの高い白ワインのシャルドネが有名である。ホークス・ベイのワイン産地は、多数のワイナリーとブドウ園を包みこむように広がっており、地域内に広く分散した家族経営の小規模なブドウ園を含めて、すべてのワイン関係者が偉大なワイン造りのためのコミットメントを共有しているところに大きな特徴がある。ワイン造りの長い歴史と緑豊かでワインの生産にマッチした独特の景観は、優れたワインの観光文化と個性的な

Cellar Doorによって大規模なワイン・フェスティバルの舞台にもなっている。

４つの主要な河川を有するホークス・ベイの肥沃で年代を重ねて幾重にも堆積した変化に富んだ土壌は、ブドウの栽培とワインスタイルに大きな影響を与えており、まさにワイン造りにとって万華鏡のような環境を創り出している。

６）ワイララパ（Wairarapa）

ワイララパ（マオリ語で「輝く水」）は３つの主要なサブ産地（マーティンボロ、グラッドストーン、マスタートン）によって構成されており、コンパクトでなお且つ多様な品種を有する活気のあるワイン・コミュニティが形成され、小規模ながらも高品質のワインを提供するワイン産地として知られている。３つのサブ産地は類似の気候と土壌を共有しながらも、舌の肥えたワイン愛好者に微妙な味の違いを提供しており、ワイララパで生産されるワインは、スタイリッシュなシャルドネ、シラーに加えて、デザートワインやピノ・ノワール、ソーヴィニヨン・ブランなどが有名である。

ワイララパは首都ウエリントンからも地理的に近く、風光明媚な景色を求めてドライブを楽しむ観光客も多く、ユニークな宿泊施設とワインと食事に魅せられてワインツーリズムに訪れるワイン愛好者も少なくない。気候的には、タラルア山脈から吹き下ろす西風とともに、爽やかな風に守られた海洋性気候であり、冷たい冬と暑い夏と秋、そして冷涼な春といったように、顕著な気候差とブドウにとって長い生育期間という素晴らしい組み合わせを活用することによって品種の強烈な特徴と複雑性、そして理想的ともいえる冬/春の降雨パターンと秋の終わりの収穫時期の長い乾燥した気候は貴腐ワインの生産に最適な条件を提供している。

土壌は特定のブドウ畑とブドウ栽培の管理作業に必要な変化に合わせて堅固な粘土のローム層および石灰岩、グラッドストーンのような可変沈泥ローム粘土のポケットを持っており、マーティン・ボロや近くのテ・ムナ河沿いに北から南に延びたマスタートンの砂利の河床がローカル石灰岩の土壌を形

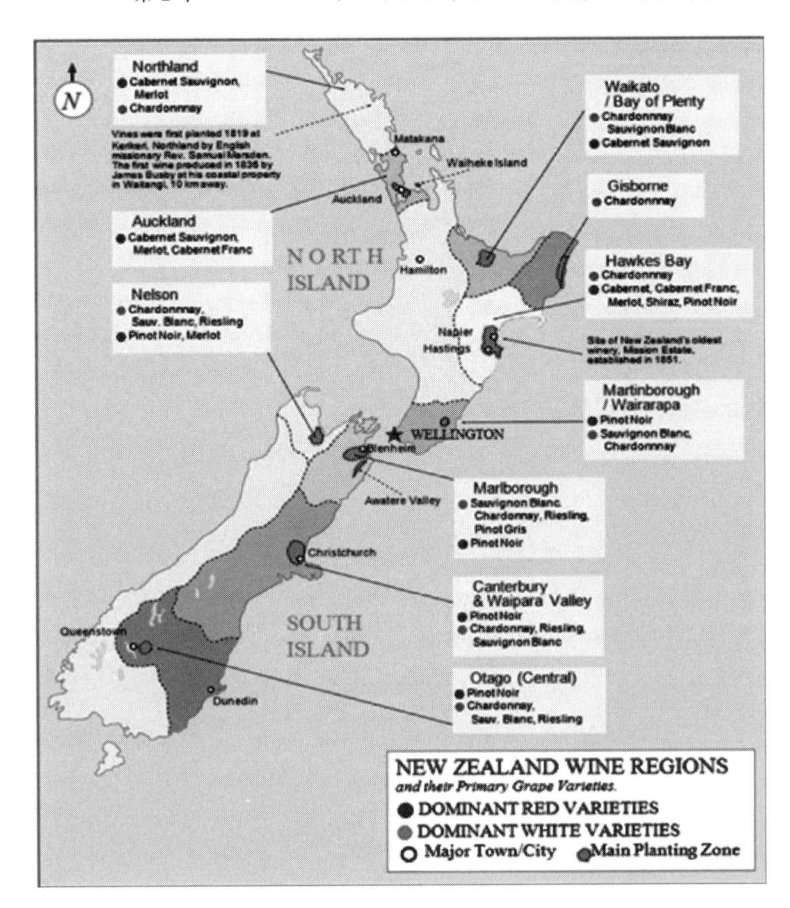

図1　ニュージーランドのワイン産地

資料：New Zealand Winegrowers 資料より作成

成している。

7）マールボロ（Marlborough）

ニュージーランドのフラッグシップにもなっているソーヴィニヨン・ブランの最大の生産地でもあるマールボロは、国際的なワインの舞台にも籍を置く数少ない産地のひとつである。マールボロは、ブドウの品種とテロワールの双方によってソーヴィニヨン・ブランはもとより高品質で深みのある独特のワインを数多く生産しているニュージーランドを代表するワインの一大産地として世界的にも知られている。

1873年に、マールボロに入植した初期の開拓者が農地を所有しているベン・モーベン・バレーにブドウの木を植えたのがブドウ栽培の始まりである。地元の農業者と林業関係者の猛反対にもかかわらず、1973年にブドウの木が植えられてから現在に至るまでブドウ栽培はワイン生産者の手厚い支援の下で続けられており、現在では全国のブドウ栽培面積の３分の２にあたる20,000haの広大な農地でブドウの生産がおこなわれている。

マールボロにおいてワインの生産が成功した最大の要因は、テロワールと呼ばれる気候風土と土壌条件にある。マールボロは周囲を小高い山に囲まれた盆地にあり、近くを流れる河川に沈殿した粘土が堆積して沖積層を形成しており、砂利が多く砂粒がほどよく混じった土壌は水捌けがよく、高品質のブドウ栽培に最適な自然条件を備えている。さらに冷涼かつ温和な気候と強い日差しによって気温の日格差の大きな気候はブドウの栽培に適しており、フルーティな味と風味を兼ね備えた高品質のワインを数多く生み出している。マールボロが世界の他のワイン産地に比べても稀に見る高品質のブドウの産地になったのは、古代氷河期に形成された大規模かつ深い石砂土壌の歴史的遺産にあるといってよい。河川から運ばれてきた沈殿物によって形成されたローム層は水分の保持に、粘土質はピノ・ノワールの栽培に好適な条件を提供しており、砂礫シルト質ロームは水捌けに最適な土壌環境を提供している。

8）ネルソン（Nelson）

ネルソンは、穏やかな太陽の降り注ぐ気候と黄金の砂浜からブッシュに覆われた険しい山に至るまで壮大で美しい景観に恵まれており、モウテレ・ヒルズとワイメア平野で育ったブドウは小さいながらも高品質で最高級のワインが生産されることで知られており、地域の長年の努力によって培われた巧妙で高度な栽培技術は、ワイン関係者はもとより園芸関係者が必ず訪れる場所として知られている。1800年代の半ばに、この地に入植したドイツ入植者の時代から培われてきたブドウ栽培と果樹園は有名であり、1895年にネルソンを訪問したブラガトは、モダンなワイン業界を確立した先駆的な産地として、1970年代のブドウ生産者だったサイフリッド・ノイドルフの業績を讃えている。ネルソンでは、優れたピノ・ノワールやシャルドネ、ソーヴィニヨン・ブラン、芳香族化合物、さらには他の品種との折衷的なミックスワインが生産されており、多くのワイナリーのCellar Doorで提供されているワインと活気に満ちた芸術とカフェ文化を併せ持ったネルソンは訪れる人を魅了している。

気候的には強い風からブドウを保護する恵まれた地形と海に近く霜のリスクを軽減している穏やかな気温の一方、秋に降る雨は時にブドウ栽培を阻害することがある。日照時間の長いネルソンでは強い日差しによってそれぞれの品種の特徴に応じた純度の高い素晴らしいブドウが収穫されている。

ネルソン地域には、砂礫シルトローム、粘土ベースの土壌が広く堆積しており、これらの土壌は高い保水能力をもっている。さらに組成の異なる２つの主な地域として、ワイメア平野には沖積したフラット・シルト質の土壌が広がっており、一方、モウテレ・ヒルズには古代の河川システムの礫が堆積し、重粘土ベースのサンド・トッピングの土壌は、ネルソンで造られるワインに独特の味の深さと豊かさと美しさを醸し出している。

9）カンタベリー（Canterbury）

ここには、壮大な南アルプスの西と東に南島の東海岸の約200kmに及ぶブドウ畑がワイマテから南のチェビオットの北部にまで広がっている。地域内にはバンクス半島のワイパラ・バレー、カンタベリーの二つのワイン産地が形成されており、ブティック生産者クラフトによって醸造される優れたピノ・ノワール、リースリング、シャルドネ、さらにカンタベリーで造られる多様なスタイルのワインによって多くの魅力的なCellar Doorを提供している。最初のブドウ園と醸造所は、1978年にベルファストの近くのカンタベリー平野のクライスト・チャーチとワイパラ・バレーの南西に設立されており、ワイパラ・バレーは、現在、ニュージーランドワインの准主産地のひとつとして、ワイン批評家の称賛を得ている。主な栽培品種は、ウェカ・パスの他に多くの品種が栽培されており、特にエレガントで表現力豊かなピノ・ノワール、シャルドネ、芳香族化合物などであり、ワイタキから南方方向とワイパラ・バレーから内陸方面が優れたブドウの産地として知られている。強い太陽の光と長い生育期間、冷涼で乾燥した気候によって促成芳醇式のブドウ栽培が盛んであり、この地で造られるワインは、その強烈な味と豊潤な味わいと複雑なフルーツ味で有名である。

サザンアルプスで冷却された冷涼な気候と少ない降雨量、非常に高温の暑い夏、有名な熱気と乾燥した北西風も海風と時折吹きつける冷たい南風前線によって緩和されており、整備された灌漑施設によって干ばつのリスクも軽減されており、最適な日周変動と結合したカンタベリーの長い乾燥した秋は、フェノレなどの複雑で多彩なワインスタイルを提供している。

10）セントラル・オタゴ（Central Otago）

セントラル・オタゴは、その壮大な景観と洗練された観光文化と世界最高峯のピノ・ノワールを醸造するワイン産地として注目されており、小規模で個性的なワイナリーが集積していることで知られている。1864年にフランス人のジャン・フェローによってブルゴーニュ・ブドウがこの地に植えられたのがワイン醸造の始まりである。しかし、当時の地域の基幹的な農産物はリンゴであり、リンゴの栽培は1950年代に新たな関心を呼び、1970年代の開拓者達の努力によって現在もチャードファームやリッポン、黒嶺、ギブストン・バレーなどの名称としてチェリーやアプリコットの果樹園にその名残が残っている。

そしてその後のブドウ栽培の急速な拡大は、ブドウ栽培とワインの醸造がセントラル・オタゴの基幹的な産業に発展したことを表している。極端な気候から生まれる偉大な強さと精細さを兼ね備えたワインはワインのサブ産地と呼ぶに相応しい個性的なワイン産地を形成している。

山岳地帯に囲まれた独特の気候によって造られるセントラル・オタゴの多様性に富んだワインは、ニュージーランド国内はもとより世界のニッチ市場にも進出しており、地域内で造られるワインは主産地、サブ産地毎にそれぞれの土壌条件によって幾分異なっているものの、各サブ地域内のドレインベースはすべて共通している。

大雪に覆われた高い峰々の山岳地帯とキラキラと煌く川（1800年代のゴールドラッシュの名残）、奥深い峡谷、質の高いワインと優れたCellar Doorの設備を備えたワイナリーは国内外から訪れる観光客を魅了している。世界最南端に位置するこのワイン産地は、大陸性気候によって霜害がなく、高い太陽の光が降り注ぎ、短くて熱い夏と乾燥した秋、そして年間を通じて低い湿度は、驚くべき純粋さと複雑さの両方を兼ね備えたワイン生産に最適な環境を提供している。

第2章

原料ブドウ生産とワイン製造企業の原料調達

1．はじめに

ワイン製造業は原料ブドウへの依存度の高い産業であり、農業までを含めた生産の相互依存関係が強く、原料ブドウの投入比率（原材料費比率）の高さと付加価値率の低さ、使用する品種の多様性、中小企業比率の高さが存在するところに大きな特徴がある。これらの特徴はお互いに重なり合う部分が多いので、ワイン製造企業の原料調達問題を検討することは、それを供給しているブドウ生産農家の役割と本研究全体の課題解明にも役立つものと思われる。ワイン製造企業を基軸とした原料調達システムの１つの特質は、原料ブドウの需要者であるワイン製造企業の大部分が多かれ少なかれ自社の農園を所有し原料ブドウの生産をおこなっている点である。もうひとつの特質は、原料ブドウの需要者であるワイン製造企業とブドウ生産農家が契約栽培、契約取引という形で直接的に結合していることである。2015年の統計によると、ニュージーランドでは35,510haのブドウ園にワイン用ブドウが栽培され、445,000トンのブドウが生産され搾汁されている。本章の課題は、ワイン生産の拡大によって、ワイン製造企業の多くが原料調達の大部分をブドウ生産農家に依存して調達するなど、ワインの生産と原料ブドウ生産の分業化によって、企業利益を追求してゆくという方向で企業活動が展開する中で、ワイン製造業と原料ブドウ生産農家の関係をどのように捉え、両者の間にどのような連携協力関係が成立しているかという点を含めて、ワイン製造業の原料調達の課題を探ることにあり、それを通じてワインの需要拡大の下での原料調達の今後のあり方についてひとつの視点を示すことにある。

表１　原料ブドウ生産の主要指標（2003-2014）

年	2003	2004	2005	2006	2007	2008
製造企業数	421	463	516	530	543	585
生産農家	625	589	818	866	1,003	1,060
生産面積（ha）	15,800	18,112	21,002	22,616	25,335	29,310
平均収量（トン）	4.8	9.1	6.9	8.2	8.1	9.7
原料価額（NZD）	1,929	1,876	1,792	2,002	1,981	2,161
榨汁量（トン）	76,400	165,500	142,000	185,000	205,000	285,000
総生産量（百万ℓ）	55.0	119.2	102.0	133.2	147.6	205.2

資料：New Zealand winegrowers 資料より作成。

本章は４つの部分から成っている。第２節では、原料ブドウの生産動向についておおまかに整理する。第３節では、ワイン製造企業の原料調達と企業の戦略に焦点をあてて、ワイン需要の拡大に対してワイン製造企業はどのように対応しているのか、自社生産と契約取引、その他について考察する。第４節では、原料調達方法の決定要因とワイン製造企業の原料調達行動について検討する。最後の第５節ではMahi Estate Wineryの原料調達の事例について検討する。

２．原料ブドウ生産の動向

2014年、ニュージーランドには699社のワイナリー（winery）と762の原料ブドウ生産農家（Vineyards）によって、35,510haの農園でブドウが生産されており、これらの原料ブドウから年間320.4百万ℓのワインが生産されている。原料ブドウの栽培管理は、ブドウの品質と生産コストに大きな影響を及ぼすだけでなく、ワインの品質を大きく左右することになる。ワイン用のブドウは、植栽後４、５年目から収穫できるようになり、10年目から高品質の原料ブドウの収穫が可能となる。

ニュージーランドにおける原料ブドウ生産の主要指標を整理したのが**表１**である。2000年代におけるワイン製造企業数の増加を背景に、原料ブドウの生産農家も鰻登りに増加し、2009年のピーク時には2003年の1.8倍となる1,171

2009	2010	2011	2012	2013	2014	14/03
643	672	698	703	698	699	1.66
1,171	851	791	824	833	762	1.21
31,964	33,200	34,500	35,337	35,182	35,510	2.24
8.9	8.0	9.5	7.6	12.6	12.6	2.62
1,629	1,293	1,239	1,359	1,666	1,666	0.86
285,000	266,000	328,000	269,000	345,000	445,000	5.82
205.2	190.0	235.0	194.0	248.4	320.4	5.82

戸に増加している。しかし2007年、2008年の原料ブドウの過剰生産を境に原料生産農家が激減し、2014年には762戸にまで減少している。これに対して、ブドウの栽培面積は2003年の15,800haから2014年の35,510haへと2.2倍に増加しており、ブドウ生産の規模拡大が進んだことを示している。ブドウ生産の規模拡大によって、１ha当たりの原料ブドウの単位収量も2003年の4.8トンから2014年の12.6トンへと2.6倍に増加しており、原料生産の効率化が進んだことが読み取れる。さらに原料ブドウの価格も2003年にはトンあたり1,929ドルであったものが、2008年には2,161ドルにまで上昇したが、その後低下に転じ、2014年には1,666ドルと2003年の86％にまで下落している。これに伴って、搾汁される原料ブドウの量も、2003年の76,400トンから2014年の445,000トンへと5.8倍に増大し、ワインの生産量は、2003年の5,500万ℓから2014年の３億2,000万ℓへと5.8倍に増加している。

主要産地におけるブドウ生産農家の推移を示したのが**表２**である。最も農家数が多いのが、ニュージーランド最大のワイン産地であるマールボロの535戸、最も農家数の少ないのがワイカトとセントラル・オタゴであり、ワイカトは2006年の９戸から０戸へ、セントラル・オタゴも21戸から４戸に大きく減少していることが判る。ニュージーランド全体では、2009年の1,128戸をピークに減少に転じ、2014年の762戸へと13％減少している。

表３に、ニュージーランドで栽培されている主要なブドウの品種毎の栽培面積を示した。栽培面積の最も多いのは、ニュージーランドを代表する白ワ

表２　主要産地別ブドウ生産農家数の推移

年次/産地	2006	2007	2008	2009	2010	2011	2012	2013	2014	14/06
オークランド	20	25	38	44	17	9	11	11	10	0.50
ワイカト	9	4	13	11	2	2	2	0	0	0.00
ギズボーン	92	100	89	87	57	54	53	48	41	0.40
ホークス・ベイ	157	186	172	171	122	103	104	102	74	0.47
ワイララパ	39	25	44	48	24	24	30	17	14	0.35
ネルソン	46	58	57	62	39	38	40	52	38	0.82
マールボロ	428	530	524	568	544	551	548	581	535	1.25
カンタベリー	11	12	20	22	11	6	12	14	14	1.27
セントラル・オタゴ	21	4	41	38	2	2	2	1	4	0.19
その他	50	63	75	77	35	35	33	32	32	0.64
合計	875	1,007	1,073	1,128	853	824	835	858	762	0.87

資料：New Zealand winegrowers 資料より作成。

インの原料となるソーヴィニヨン・ブランであり、2006年の8,860haから2014年の22,029haに2.2倍に増えている。また全栽培品種に占める栽培面積の割合も2006年の39％から56.4％へと大きく増加している。２番目に栽培面積が多いのがピノ・ノアールの5,509ha（15.5％）であり、シャルドネの3,346ha（9.4％）、ピノ・グリの2,451ha（6.9％）、メルローの1,290ha（3.6％）の順に栽培面積が多い。他の品種はいずれも1,000ha未満であり、最も栽培面積の少ないミュラー・トゥルガウは２ha、ライヒェンシュタイナーの12ha、シュナンブランも24haに過ぎない。栽培面積で見る限り、ニュージーランドのワイン生産は少数の品種に集中する傾向にあるといえよう。

３．二極化する原料ブドウの調達方法

ワイン製造企業の原料調達は、企業の製品政策と密接な関係にある。ニュージーランドのワイン製造業の原料調達がどのような要因と製品政策の下で実施されているかについては、ほとんど研究されていない。ワイン用ブドウについては、通常、糖度（23～26度）、鮮度（golden timeと呼ばれている早朝４時半から７時までに収穫されたブドウ）、品質（不純物や劣化したブドウ

表3　原料ブドウの品種別栽培面積の推移　（単位：ha）

ブドウ品種	2006	2007	2008	2009	2010	2011	2012	2013	2014	14/06
ソーヴィニヨン・ブラン	8,860	10,491	13,988	16,205	16,910	16,758	20,270	20,015	22,029	2.48
ピノ・ノワール	4,063	4,441	4,650	4,777	4,773	4,803	5,388	5,488	5,509	1.35
シャルドネ	3,779	3,918	3,881	3,911	3,865	3,823	3,229	3,202	3,346	0.88
メルロー	1,420	1,447	1,363	1,369	1,371	1,386	1,234	1,255	1,290	0.90
リースリング	853	868	917	979	986	993	770	787	784	0.91
ピノ・グリ	762	1,146	1,383	15,011	1,763	1,725	2,485	2,403	2,451	3.21
カベルネ・ソーヴィニヨン	531	524	516	517	519	519	305	301	289	0.54
ゲヴュルツトラミネール	284	293	316	311	314	313	347	334	376	1.32
シラー	214	257	278	293	299	299	387	408	433	2.02
セミヨン	229	230	199	201	182	182	77	76	82	0.35
カベルネ・フラン	164	168	166	163	161	161	119	119	113	0.68
マルベック	155	160	156	158	157	157	140	142	127	0.81
マスカット	140	139	135	135	125	125	48	49	37	0.26
ミュラー・トゥルガウ	117	106	79	79	78	78	2	3	2	0.01
ピノタージュ	90	88	74	74	74	74	50	38	45	0.50
シュナンブラン	59	50	50	50	47	47	21	6	24	0.40
ライヒェンシュタイナー	61	72	72	72	72	72	14	14	12	0.19
その他	835	963	1,087	1,171	2,085	2,085	25	525	564	0.67
合計	22,616	25,355	29,310	31,964	33,428	33,660	35,335	35,182	35,511	1.57

資料：New Zealand winegrowers 資料より作成。

が混入していない原料）といった要素が重要視されており、高付加価値のプレミアム・ワインの生産を志向する傾向が強まっているニュージーランドのワイン産業では、製品差別化と高付加価値化の重要な源泉になっているといえよう。

ニュージーランドにおけるワイン製造企業の原料調達を大雑把に概観すると**表4**のように、自社農園での自社生産によるものとブドウ生産農家との契約取引、契約栽培によるものとに大別される。ワインの生産数量が小さかった時代には自社農園からの調達が大部分を占めていたが、2000年代以降のワインの需要量の増加に伴ってワインの生産量が拡大するにしたがい、自社農園だけでは原料用ブドウを賄うことが困難となり、生産農家に委託（契約）して原料ブドウを調達する動きが拡がっていった。さらにワインの産地によっては、地理的に自社ブドウ園の拡張が困難であったり、ワイナリーの周

表４　生産規模別原料ブドウの調達方法

生産規模（数量）	企業数	自社農園（%）	契約栽培（%）	主な使用品種数
20-50（万ℓ）	3	27.5	72.5	Sb, PN, PG, CH,R,M（6）
10-20（万ℓ）	3	67.5	32.5	Sb, PN, PG, CH, R（5）
5-10（万ℓ）	5	69.8	30.1	Sb, PN,PG, CH,R, M（6）
1-5　（万ℓ）	27	69.5	30.4	Sb, PN,PG ,CH, CS, S（6）
5万ℓ以下	127	81.1	18.9	Sb, PN, M, CH,R（5）

註：Sb－Sauvignon blanc、PN－Pinot Noir、M－Merlot、R－Riesling、PG－Pinot Gris、CH－Chardonnay、CS－Cabernet Sauvignon、S－Syrah。
資料：ニュージーランドのワイナリー165社のアンケート調査結果から作成。

囲にブドウ生産農家が少なかったりするために、否応なしに他産地のブドウ生産農家から原料ブドウを調達せざるを得なかったり、自社で生産するワイン用のブドウが地元のブドウ生産農家で栽培されていないことなども、ワイン製造企業を契約取引、契約栽培に向かわせる要因になっている。

そこでわれわれは、ニュージーランドのワイン製造企業699社（2014年現在）に対してアンケート調査を実施した。その結果165社から回答が得られた。調査結果を整理したのが**表４**である。New Zealand Winegrowersの分類による生産規模別のワイン製造企業の５つの階層とは別に、今回回答が得られた小規模ワイナリーを生産数量毎に５つの階層に分け、原料ブドウの自社生産比率と契約取引の割合を見ると、最も生産規模の大きい20～50万ℓクラスの企業では、自社生産比率が27.5％と最も低く、逆に契約栽培（契約取引）が72.5％に達していることが判る。次に、２番目に生産量の多い10～20万ℓクラスの企業になると、自社農園からの調達比率が67.5％となり、契約栽培による調達比率が32.5％に低下している。以下、５～10万ℓクラスの製造企業では自社生産比率が69.8％、契約栽培が30.1％となり、１～５万ℓクラスの企業でも自社生産が69.5％、契約栽培が30.4％であり、最も規模の小さい５万ℓ以下層では81.1％の原料ブドウを自社生産で賄っており、18.9％を契約栽培に依存していることが明らかとなった。つまり、ワイナリーの88％を占める小規模ワイナリーの場合には、ワインの生産数量が小さいことや、質の高い原料ブドウに拘ってプレミアム・ワインの生産に特化する傾向が強いことから、原料調達も有機ブドウなどの高品質原料が調達可能な自社農園で生産している企業が多いことがわかる。

４．原料調達方法の決定要因と原料ブドウの調達行動

大規模ワイン製造企業を中心とした原料ブドウの契約栽培、契約取引の拡大は急速なワイン需要の拡大によってもたらされた。**図１**は、原料選択に関わる原料価格とワイン製造企業の意思決定との相互関係を要約的に示したものである。通常、ワイン製造企業は原料価格eの動きに応じて矢印で示したような経路をたどろうとする。ここで、e2はe1よりも調達コストが割高であることを表しており、したがって、e2はブドウ生産農家からの調達から自社生産への切替点をあらわしている。最初のブドウの購入価格がe2よりも小さい場合には、生産農家の原料ブドウが選択され、逆に原料価格が高騰すれば自社生産が増えるはずである。ところが、2005年から2012年にかけては原料ブドウ価格が上昇しているにも拘わらず、原料の対外依存率はむしろ上昇している。その主たる要因は、契約期間を長く設定することによって、価格変動を吸収する原料取引のリスクヘッジとブドウ生産農家の値引き行動にあったと思われる。つまりそれは、ワイン製造企業が自社生産原料とブドウ生産農家の原料ブドウのいずれを選ぶかは、現行の価格水準だけでなく過去の取

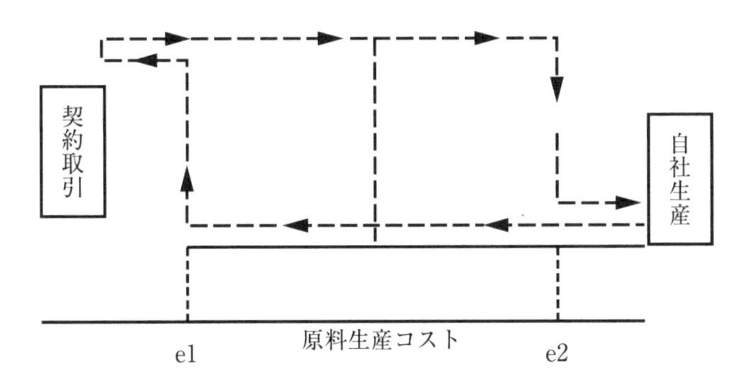

図１　生産コストと原料選択図

引価格の水準が大きく影響していることを意味している。つまり、原料ブドウの調達コストとの関連で原料ブドウの自社生産が増加するには、原料価格が大幅に上昇してe2の水準を大きくこえる必要があり、それゆえ調達コストの高低だけで自社生産が増大することは不可能に近いといわざるを得ない。

それゆえ、ワイン製造業のおよそ8割を占める小規模ワイン製造企業において、多層的に展開されている原料ブドウの調達行動に注目する必要がある。最も地場的な性格の強い小規模ワイン製造業においてすら、地域のブドウ生産農家との間での契約取引、契約栽培が実施されており、複数のブドウ産地に広がる原料ブドウの調達ネットワークが存在し、地域のブドウ生産農家との間での親密な取引関係が形成されている。そこには、醸造するワインの種類や醸造方法、ワイン製造企業の経営戦略と深く関連する製品差別化の内容などによって、さまざまな形態の提携・結合関係が成立しているものと思われる。その多くは、組織化された原料調達システムによって原料ブドウが自動的に流れ出るようなものではないし、農業のインテグレーションなどとも異なっている。

以上のことから、ワイン製造企業の原料調達の決定要因としては、一方にコスト要因が、もう一方に、製品差別化要因が相対しているものと考えられる。小規模ワイン製造企業における製品差別化は、一般的には、醸造技術の蓄積と良質な自社農園で生産された原料ブドウによって実現されているケースが多いといえるが、その一方で、自社農園の原料ブドウをより多く投入することはコスト節減の阻害要因になる可能性がある。したがって、**図2**に示すように、ワイン製造企業はある製品を生産する場合には安価なブドウ生産農家の原料ブドウを利用することによってコスト節減に重点を置き、また別の製品を造る場合には高品質の自社ブドウ園のブドウを利用することでワインの差別化を図るといった多面的な戦略をとっていると言ってよい。ケーススタディで取り上げるMahi Estate Wineryのように、ワイン製造企業がブドウ生産農家に対して、原料生産へのインセンティブを高める方向で原料調達を図っていることが窺える。2000年代半ば以降のワイン需要の拡大によっ

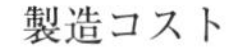
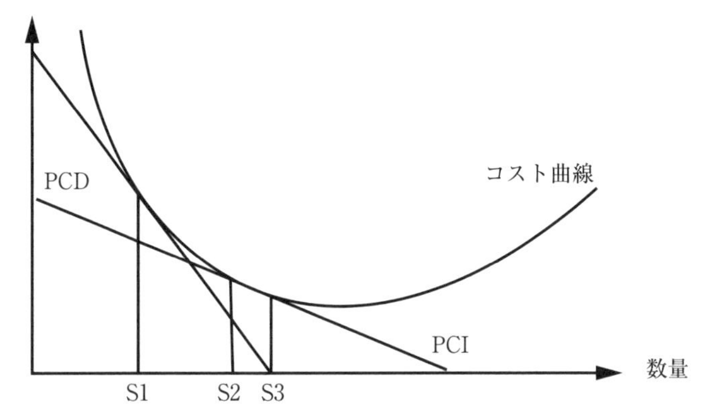

図２　適正生産規模と原料投入決定の概念図

註：PCDは自社生産ブドウの投入規模と製造コストの関係を、PCIは契約栽培（取引）ブドウの投入規模と製造コストとの関係を表す。
資料：文献［６］下渡（2003年）、第１図を加筆作成。

て、多くのワイン製造企業が安価なブドウ生産農家との契約取引に依存して効率性を追求するあまり、原料ブドウの多様性や安全性への志向が押し殺され、同質的な原料ブドウやワインの生産に向かい過ぎてしまった嫌いがある。そしてそのことがサスティナブルな原料ブドウの生産や有機ワインなどのプレミアム・ワインの生産拡大の誘因になっているものと思われる。

さらに、原料調達のコスト要因とは別に、ワインの安全性への配慮という観点から生産過程が追遡しやすい自社農園からの調達割合を高めるというインセンティブが高まる可能性がある。消費者の安全性志向が高まる中で、相対的に低価格で調達できる生産農家からの原料ブドウが安全性の面で危険負担を伴うと仮定すると、ワイン製造企業にとっては、たとえ生産コストが割高になる自社原料であったとしても安全な原料を選択せざるを得なくなる可能性がある。しかし現時点で、その範囲や取引規模の大きさを捕捉することは困難である。また、ワイン需要の動向に対する原料調達の調整メカニズムについては、数量調整と価格調整がどのような組み合わせでセットになっているかも重要な課題であるが、ここでは問題の指摘に留めたい。

5．Mahi Estate Wineryの事例分析

1990年代までのワイン製造企業の原料調達は、現在に比べてワインの生産数量が少なかったこともあって、その大部分が自社農園でのブドウ栽培によるものであり、契約取引による市場からの調達割合が低かった。これに対して、2000年代以降の原料調達は自社農園と契約取引を織りまぜた調達へと変化している。こうした原料調達手段と調達比率の変化は、2000年代のワイン製造企業数の急速な増加の中で、ワイン製造企業の原料ニーズの増大のほか、原料ブドウ生産農家によるワイン生産の増加、ワイン市場の発展度合、そしてニュージーランドワインの国際市場への進出などの総合的な要因に基づくものであるが、ワイン製造企業の経営的側面から見れば、①原料リスク軽減のための自社ブドウ園充実の必要性、②原料コストの変動、をその要因として捉えることができる。

ここではニュージーランド最大のワイン産地であるマールボロに立地してオーガニックワインなどの高品質のプレミアムワインの生産によって成長しているMahi Estate Wineryの原料調達行動を見ることにする。

Mahi Estate Wineryは2001年創立と歴史が浅く、ニュージーランドのワイン業界では歴史の浅いワイナリーのひとつである。資本金300万NZ$、従業員は経営者夫婦以外に３人の計５名、原料ブドウの収穫期（２月～３月）には、収穫作業のために臨時（期間雇用）に４人を雇用している。ワインの製造を始めたきっかけは、自分のワインを作って海外市場に進出したいという経営者の強い思いによるものだという。年間のワイン生産数量はオーガニックワインが500ケース（１ケース750mℓボトルワイン12本入り）と普通の商業的ワインが20,000ケース（１ケース750mℓボトルワイン12本入り）であり、ピノ・グリ、ピノ・ノアール、ゲヴュルツトラミネール、ソーヴィニヨン・ブラン、シャルドネ、ロゼの６アイテムのワイン原料は、９haの自社農園と11のブドウ生産農家との契約取引（契約栽培）によって調達されており、

自社農園の調達比率は５％、生産農家との契約取引が95％と大部分を占めている（註１）。契約取引による原料ブドウの平均購入価格はトンあたり1,500円程度であるが、収穫変動によって価格変動がある。Mahi Estate Wineryの原料調達において自社農園の調達比率が低く、契約取引比率が高いのは、Mahi Estate Wineryが現在のマールボロでワイン生産を開始した時期が遅かったことから、自社農園を拡大する時間的余裕とブドウ園の確保が困難だった事による。このため、Mahi Estate Wineryでは自社農園よりも調達リスクの少ない市場からの調達に大きく依存するようになった（註２）。11戸の契約農家は、いずれも高品質の原料ブドウを生産している生産者であり、Mahi Estate Wineryでは厳選された高品質ブドウを使用して750mℓあたり40ドルから80ドルの中高価格帯のワインを生産し、その８割を海外市場に輸出している。とりわけ、オーストラリアへの輸出割合が８割と高く、残りの20％は、イギリス、日本、アメリカ、カナダ、香港などに輸出している。生産量の２割程度が国内市場に出荷され、その80％は自社のCellar DoorとMail Order、インターネット販売によるものであり、残りの20％を国内のレストランに販売している。

Mahi Estate Wineryの生産販売戦略は、①需要の伸びの大きいオーガニックワインの生産割合を高めること、②製品差別化を図るため、少量多品種に徹してプレミアムワインの生産比率を高めること、③新たな販売チャネルを増やすことにあるが、製品差別化のためにオーガニックワイン、プレミアムワインの生産比率を高めるためには、自社栽培原料を相対的に多く利用することによって利益率の向上が図られることになる。しかし、自社農園比率を高めると一方で調達コストも増すという、いわゆる「自社調達比率と調達コストの関係」についても考慮しなければならない。2000年代には、原料ブドウの生産拡大によって低く抑えられてきた原料価格によって、ワイナリーの利益率も十分保たれ、自社調達よりも契約取引（栽培）が有利な状況にあった。また2010年代には国際市場におけるワイン需要の成長が原料リスクを吸収し、ワイナリーのビジネスリスクは比較的小さく、原料調達に対する配慮はそれほど必要でなかったと思われる。したがって大手ワイナリーの経営者は、こうした状況の中で社外からの原料調達を積極的に進めることによって利益率を高め、株主に対する責任を果たしてきたと言えよう。しかしながら、気候変動による収穫変動によって原料価格が上昇し、原料調達の不確実性が高まれば高まるほど従来よりもより多くのリスクヘッジが必要となる。そういう意味で、Mahi Estate Wineryの原料調達の取り組みは、ニュージーランドのワイン産業の発展にとってひとつの大きな試金石になる可能性がある。

6．結びに代えて

ワイン製造業における原料ブドウ調達の重要性を考えるうえで、①ブドウ生産農家とワイン製造企業の両立性、②ワイン製造企業の効率性追求と原料ブドウの契約取引（契約栽培）による調達量の増大、③ワイン生産における原料ブドウの需給条件と価格条件との関係についても、さらに理論的に詰めるべき課題が多く残されているが、ここでは、次の３つの点を強調しておきたい。

第１に、大手のワイン製造企業にとって、国際市場での市場競争のためには、いかに効率的に原料ブドウを調達するかが重要であり、そのために自社生産ブドウよりも相対的に低コストで調達可能なブドウ生産農家の原料ブドウが志向されてきたといってよい。大雑把に言うと、ニュージーランドワインの８割以上を生産している大手ワイン製造企業６社は原料ブドウの８割から９割をブドウ生産農家に依存して調達している。そういう意味からも、契約取引（契約栽培）による原料調達の増加は国際ワイン市場との関連において捉えることが重要である。原料ブドウ需要が製品市場と深い関連を持つのはワイン製造企業の販売する製品の需要量が増大したり、製品の種類が多様化し、調達する原料ブドウの量と種類が増加した場合に自社生産では対応できなくなり、比較的安価に大量に調達可能なブドウ生産農家の原料ブドウが指向されるという点である。第２には、原料ブドウの生産者と原料ブドウの需要者であるワイン製造企業の連携・結合の仕方に関連して、ニュージーランドでは両者が直接取引によって原料を調達する場合と、両者の間に介在するブローカーが重要な役割を果たしていることである。このような原料調達システムにおける流通業者の介在が、そこでのさまざまな販促活動を通じて、ワイン製造企業の原料の社外依存度を高める役割を果たしている可能性がある。自社ブドウ園での原料ブドウ生産はワイン製造企業から見て調達コストが割高となるため、生産コスト削減の必要性からブローカー等を通じたブドウ生産農家からの調達というコスト的に割安な調達形態が増える傾向にあるといえよう。こうしてニュージーランドのワイン生産における原料ブドウの調達手段は、大手ワイン製造企業を中心に原料ブドウ生産農家と結合していくものと、ワイン製造企業の８割以上を占めている小規模ワイン製造企業のように自社農園でのブドウ生産に依存するものとの２つの流れが形成されているといってよい。

第３に、半製品であるバルクワインの国内流通の存在がある。ブランド力に欠ける中小ワイン製造企業（一部、ブドウ生産農家が含まれる）の中には自社製品を製品市場で販売することが難しく、製品化する前のワインを大手ワイン製造企業にバルクワインとして販売しているワイン製造企業が少なからず存在しており、半製品として海外市場に輸出されているバルクワインの量も20％から30％に達している。

つまり、ニュージーランドのワイン生産は、その原料調達の面では「自社生産原料」と「ブドウ生産農家で生産される原料（社外原料）」、「半製品原料（バルクワイン）」の３つに分化して展開しているといえよう。

今後、ニュージーランドにおいても、一部の上位企業を中心に、同じ新世界ワインの生産国であるオーストラリアやチリなどのように規模の経済にもとづくワインの大量生産システムが拡大してゆくとすれば、原料ブドウについても生産性の向上によってコスト節減を図る必要があるが、ニュージーランドの原料ブドウ生産は家族経営が主体であり、マールボロ以外の産地では生産品目（品種）が多様化していること、国際市場における環境問題への関心の高まりを背景に、オーガニック農法を含めた持続可能な栽培方法に転換するブドウ生産農家とワイン製造企業が増えていることなどを考慮すると、原料ブドウ生産の効率化（生産性向上）には自ずと限界があると言わざるを得ない。したがって、ワイン生産のコスト低減を図るには、流通機構を含めたワインのフードシステム（サプライチェーン）全体の生産性向上、コスト節減が重要であるといえよう。その一方で、消費者の安全性志向や健康志向、高級化・多様化志向の高まりによって、原料ブドウに対する需要者（ワイン製造企業）の原料ニーズが大きく変化しつつあることも事実である。消費者ニーズの変化は、多品種少量生産に依拠して成立してきたニュージーランドの小規模ワイン製造企業にとって合理的な原料生産、ワイン醸造を企図しうる市場条件が醸成されつつあるとみることもできる。問題は、こうした市場条件の変化に対応して、ニュージーランドの小規模ワイン製造企業が合理的かつ効率的なワイン生産システムを構築できるかどうかにかかっている。言い替えれば、ニュージーランドワインの需要拡大、輸出拡大を図るには、原料ブドウ生産を含めて海外の他のワイン産地にはない独自の製品（製法）を持っていることが重要であり、プレミアム・ワインやオーガニックワインといった製品市場で高く評価されるブランド化を図ることが重要である。原料ブドウの調達方法に関しては、自社農園で自社生産した方が合理的な原料ブドウについては自社生産すべきであるし、自社生産できない原料ブドウについてはブドウ生産農家に生産を委ねるといった相互補完的な取り組みが望ましいといえよう。

（註１）Mahi Estate Wineryでの聞き取り調査による。
（註２）Mahi Estate Wineryでの聞き取り調査による。

第3章

ニュージーランドにおけるワインの産業組織
―市場構造と市場行動―

1．はじめに

ニュージーランドはアメリカ、チリ、アルゼンチン、オーストラリア、南アフリカなどとともにワインの新興産地（New World）のひとつに数えられており、気候条件がフランスのブルゴーニュ地方に近いこともあって良質の白ワインを生産する世界有数のワイン生産国として知られている。現在、ニュージーランドには10のワイン産地に699社のワイン製造企業が立地し、年間320.4百万ℓ（2014年）のワインが生産されているが、ワイン製造業では上位企業による寡占化が進む一方、年間生産量20万ℓ以下の小規模ワイナリーがワイン製造企業のおよそ9割（88%）を占めるなど二極化が進展している。これらの小規模ワイナリーの成立要因を含めて、ニュージーランドのワイン産業に関する研究はほとんど実施されていない。本章の目的は、ニュージーランドのワインの市場構造の特徴と市場構造を規定している要因を、伝統的な産業組織分析のSCPパラダイムに基づいて分析し、それを踏まえてワイン製造業のおよそ9割を占める小規模ワイナリーが、どのような市場行動によって成立しているかについて検討し、ニュージーランドのワイン産業の特質と発展方向に対する試論的なフレームワークを導き出すことにある。

ニュージーランドでは、2003年にようやくワインの生産から輸出に至る包括的な規準を定めたワイン法が成立し、ワインの業界組織が整備されたこともあって、ワイン産業に関する統計資料が整備され始めたのは2006年以降である。本研究では、New Zealand Winegrowers が2006年以降民間機関に委託して発行しているNew Zealand wine industry benchmarking survey（註1）および民間の調査会社 Coriolis Research Ltd.社が2006年に発行したAn Overview of The New Zealand wine industryなどの資料を用いて研究を実施した。しかしこれらの統計資料は財務データが主であることから、４つのワイン産地の16のワイナリーを対象に補足的なヒアリング調査を実施した。

2．先行研究

ニュージーランドのワイン産業に関する経営経済的側面に関する研究は皆無に近い。敢えて挙げるとすれば、ニュージーランドワインの中国向け輸出をビジネス的な視点から考察したRunhua XIA［５］のみである。食品産業の市場集中に関する既往の研究成果としては、加藤［２］、J. M. Connor［３］等による研究成果が見られる。加藤は、食品工業の生産集中の決定要因として、①技術知識の独占ないし際立った優越性、②生産における規模の利益、③需要の成長率、④製品差別化、⑤参入障壁、⑥顧客市場の有無、⑦合併・買収、多国籍企業の行動、⑧政府の政策を挙げており、またJ. M. Connorらは、①製品差別化、②流通業の対抗力、③参入障壁、④製品多角化、⑤企業合併などによって市場集中を説明している。本研究では、統計資料の制約から、市場集中の規定要因として①生産（販売）の規模の経済性、②参入障壁の２つの要因に限定して考察した。

3．ニュージーランドにおけるワイン産業の概要と発展過程

1）ワイン産業成立の歴史的経緯

ニュージーランドにおけるワイン醸造の始まりは180年前の英国の植民地時代に遡る。1819年、当時の入植者サミュエル・マースデンによってケリケリにニュージーランドで最初のブドウの木が植栽され、その17年後の1836年に、イギリス人入植者ジェームス・ブスバイが入植地のワイタンギで最初の

ワインを醸造した。当時のワインの醸造と販売は主にローマン・カソリック教会によるものであった。1891年、ブドウの生産農家に対してワインの販売が許可されたが、販売量は9.1ℓに制限された。1895年には著名な醸造家ロミオ・チャンバーがニュージーランドワインの潜在的可能性を示唆し、ピノ・ノワールとピノ・ムリエが、ニュージーランドの代表的な原料ブドウの品種になった。

1902年、醸造家ロミオ・ブラガトはワイン先進国フランス、イタリアで学んだブドウの栽培技術と新たな醸造技術をニュージーランドに導入し、ワイン産業の改革に着手した。1906年には、ニュージーランドの代表的なワインであるソーヴィニヨン・ブランの原料となるブドウの新品種がヨーロッパから導入された。1960年には、ワイン流通業者のゴーバンがニュージーランド政府に対してワインライセンスの規制緩和を要求し、これを境にワインライセンスの規制緩和の動きが広がり、同年、レストランと居酒屋（Pub）に対してワイン販売のライセンスが認可された。レストランでのワインの販売が可能になったことによってワインブームが到来し、ワインに対する国民の意識も大きく変化した。1976年には、Wine Makers Levy Act 1976およびAlcohol Advisory Council Act 1976、そして1981年には、Food Act が改正された。さらにワイン法成立の前年となる2002年には、New Zealand Winegrowers、New Zealand Grape Growers Council、The Wine Institute of New Zealandの３つのワイン関連組織が設立され、ワイン産業の本格的な発展に向けての体制が整えられた。2003年には、ワインの醸造方法やワインの輸出、食品安全等に関する従来の法律を集約化した包括的なワイン法（Wine Act 2003）が施行され、さらにその３年後の2006年にはワインおよびスピリッツのための地理的表示登録法（Geographical Indication of Wine and Spirit Registration Act（GI））が施行されたことによって、ラベルに記載されているブドウの品種、収穫年、原産地等に対する表示の信頼性が保障されることになり、この二つの法律の制定によって、ニュージーランドにおけるワインの産業としての基盤が確立されたのである。

表1　ニュージーランドにおけるワイン産業の主要指標：2003-2014

年次	2003	2004	2005	2006	2007	2008
製造企業数	421	463	516	530	543	585
生産農家	625	589	818	866	1,003	1,060
生産面積（ha）	15,800	18,112	21,002	22,616	25,335	29,310
平均収量（トン）	4.8	9.1	6.9	8.2	8.1	9.7
原料価額（NZD）	1,929	1,876	1,792	2,002	1,981	2,161
榨汁量（トン）	76,400	165,500	142,000	185,000	205,000	285,000
総生産量（百万ℓ）	55.0	119.2	102.0	133.2	147.6	205.2

資料：New Zealand winegrowers 資料より作成。

2）ワイン産業の概要と特質

2014年度現在、ニュージーランドにはノースランド、オークランド、ホークス・ベイ、ワイカト、マーティンボロ、ギスボン、マールボロ、ネルソン、ワイパラ、カンタベリー、セントラル・オタゴの10のワイン産地に699のワイン製造業が立地している。これらのワイン製造企業のおよそ９割（88％）にあたる608社は年間生産量20万ℓ以下の小規模ワイナリーであり、上位６社による寡占的な市場構造が形成されている。原料ブドウの生産は762戸のブドウ生産農家（Vineyards）によって、ニュージーランドの代表的な品種であるソーヴィニヨン・ブランのほか、シャルドネ、ピノ・グリ、リースリング、ピノ・ノワール、メルローなど20以上の品種が南島を中心に栽培されており、栽培面積は35,510haに達している。ニュージーランドは気候的にもフランスのブルゴーニュ地方に近く、冷涼かつ穏和な気候と強い陽射しと日較差の大きさによって糖度が高く、酸味を含んだ強い芳香を兼ね備えたブドウが収穫されることで知られており、原料ブドウのhaあたりの平均収量は2003年度の2.62倍に当たる12.6トン、原料の搾汁量は2003年の5.82倍の445,000トンに達している（**表１**）。近年、アメリカ、フランス、オーストラリアなどの外国資本によるワイン製造企業の買収・合併の動きが活発化しており、家族経営を中心に発展してきたニュージーランドのワイン産業も大きな転機を迎えている。

2009	2010	2011	2012	2013	2014	14/03
643	672	698	703	698	699	1.66
1,171	851	791	824	833	762	1.21
31,964	33,200	34,500	35,337	35,182	35,510	2.24
8.9	8.0	9.5	7.6	12.6	12.6	2.62
1,629	1,293	1,239	1,359	1,666	1,666	0.86
285,000	266,000	328,000	269,000	345,000	445,000	5.82
205.2	190.0	235.0	194.0	248.4	320.4	5.82

3）ワインの生産と消費

ニュージーランドでは、年間94万9,823ℓの白ワインと25万9,128ℓの赤ワインと73万1,049ℓのその他のワインが生産されており、6,300万ℓのワインが国内市場に出荷され、1億7,800万ℓのワインが海外市場に輸出されている。

2014年のワイン生産量は、ワイン法が成立した2003年に比べて5.82倍に増加しており、同期間内の原料ブドウの栽培面積も15,800haから2014年の35,510haに拡大している。原料ブドウの品種別の使用割合を見ると、ソーヴィニヨン・ブラン、ピノ・ノワール、シャルドネの3つの品種が、全体のおよそ8割（77%）を占めていることがわかる。

ニュージーランドの代表的なワインであるソーヴィニヨン・ブランの生産を含めて、年間生産量20万ℓ以下の小規模ワイナリーがニュージーランドのワイン生産に占める生産シェアは極めて小さなものであり、ワイン生産の大部分は6つの大規模ワイン製造企業を中心とした少数のワイナリーによって担われている。

一方、2014年のワインの国内販売量は4,900百万ℓと2003年に比べて14.6百万ℓ増加しており、一人当たりのワイン消費量も2003年の18.5ℓに対して2014年度の20.8ℓへと1.1倍に増加している（**表2**）。これらの結果、国産ワインの市場占有率も2003年の47%から2013年の55%へと8ポイント上昇しているが、人口450万人のニュージーランドでは国内市場での需要拡大には自

表２　ニュージーランドにおけるワインの販売・消費動向

年次	2002	2003	2006	2008	2010	2012	2013	2014	14/02
国内販売量(百万ℓ)	41.3	35.3	50.0	46.5	56.7	63.5	51.7	49.9	1.20
ワインの総販売量（百万ℓ）	66.2	74.5	86.0	87.4	92.1	91.3	92.5	90.1	1.36
１人当たり国産ワイン消費量（ℓ）	10.8	8.8	12.1	11.1	13.0	14.3	11.6	11.2	1.03
１人当たり総ワイン消費量（ℓ）	17.3	18.5	20.6	20.8	21.1	22.1	20.8	20.8	1.20
国内販売占有率（%）	62.0	47.0	58.0	53.0	62.0	68.0	55.0	55.0	0.88

資料：New Zealand winegrowers 資料より作成。

ずと限界があり、2007年、2008年の原料ブドウの過剰生産問題を切っ掛けに海外市場へのワインの輸出が急速に拡大している。

４．ワイン製造業の市場集中

表３は、企業別のワインの生産量が把握できる2009年から2013年までの５年間に、上位６社、上位35社、その他がワイン市場で獲得してきた生産シェアの推移を示している。2009年度の上位６社、上位35社、その他の生産シェアは、それぞれ60.7%、36.9%、2.4%であったものが、2013年には上位６社の生産集中度が73.7%へと13ポイント上昇する一方、年間生産量400万ℓ以下の中規模企業層35社の生産シェアは21.9%へと15ポイント低下し、年間生産量20万ℓ以下の小規模製造企業の生産シェアが2.4%から4.4%へと２ポイント上昇していることが判る（註２）。

さらに販売数量の集中度では、より一層上位企業への集中化傾向が顕著となっている。**表４**は、同期間内における上位６社、上位35社、その他657社の販売シェアの推移を示したものであるが、生産集中度に比べて上位６社の販売集中度が高い水準で推移していることが判る。

上位６社の販売集中度は、2009年の80.5%から2013年の87.6%へと7.1ポイント上昇しているが、これに伴って、上位35社の販売集中度は17.3%から12.3%へと５ポイント低下し、その他（657社）の販売シェアも2.2%から0.1%に2.1ポイント低下している。そしてそれは、ワインの市場シェアが生産面よりも販売面でより少数の企業に集中する傾向にあることを示している。

表３　ワインの生産集中度 2009-2013

年次	2009	2010	2011	2012	2013
上位６社	60.7	69.2	78.7	73.5	73.7
上位 35 社	36.9	27.8	17.3	21.7	21.9
その他	2.4	3	4	4.8	4.4
合計	100	100	100	100	100

資料：New Zealand winegrowers and New Zealand Grape Growers Council 資料より算出。

表４　ワインの販売集中度

年次	2009	2010	2011	2012	2013
上位６社	80.5	80.5	82.1	74.3	87.6
上位 35 社	17.3	19.3	17.7	25.4	12.3
その他	2.2	0.2	0.2	0.3	0.1
合計	100	100	100	100	100

資料：New Zealand winegrowers and New Zealand Grape Growers Council 資料より算出。

５．市場集中規定要因

統計資料の制約から、本節ではワインの市場集中に主導的な役割を果たしていると思われる①生産の規模の経済性、②参入障壁の二つの要因に限定して考察する。

１）規模の経済性

ニュージーランドのワイン市場における市場集中の基本的かつ最有力の要因は、規模の経済性である。**図１**は、ワイン製造業の生産の規模の経済性を表したものであるが、年間生産量400万ℓに達するまで長期平均単位費用の一貫した低落を示している。ここに示された事実は、小規模なワイン製造企業（工場）よりも相対的に規模の大きな製造企業（工場）において最も低い単位費用による生産がおこなわれていることを意味している。

大規模工場において生産コストが低下するのは、製造費用にあっては原料ブドウと加工・包装費用がその大部分を占めており、原料ブドウの調達価格

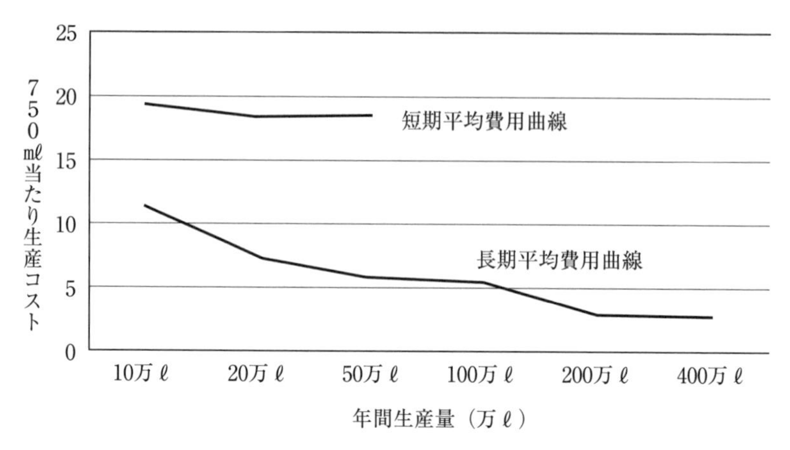

図１　ワイン製造業の生産の規模の経済性

資料：New Zealand wine industry benchmarking survey及びワイナリーでのヒアリング調査結果に基づいて作成。

にはそれほど大きな開きが見られないものの、大規模工場では製造工程の効率化によって小規模工場に比べて生産コスト（加工・包装費用）が少なくて済んでいることを示している。因みに、上位６社の１ケースあたりの加工・包装費用が7.7NZドルであるのに対して、最下層の１万ℓ規模層の加工・包装費用は16.90NZドルと2.1倍に達しており、生産における規模の経済性が大きいことを示している。

また、**図１**に示した短期平均費用曲線は、生産能力10万ℓ以下の欠損企業で早晩市場から退出する可能性の高い製造工場の位置を表している。これらの零細工場は小規模ゆえに規模の経済を利用するすべがなく、経営管理能力の面でも市場に適応する能力に欠けた企業である。

一方、規模の経済性はワイン製造業の生産能力だけでなく、企業の経営管理能力や大量販売の優位性とも密接に関連している。J. S. ベインは企業の売上高は広告その他の販売工夫によって効果的に促進され、それとともに生産能力においても広告その他によって誘因された顧客に行き渡るだけの十分な量の商品を供給できるものでなければならないとしている。ベインのいう大規模生産と大規模販売の優位性の緊密な関係は、多くの製品市場で実証されてきたが、ニュージーランドのワイン産業もその例外ではない。

一般管理販売費用において、売上高20億NZドル以上の大規模企業層に対する1億5,000万NZドル未満の小規模企業層の2007年度の管理販売費用が2.07倍、2010年度が1.46倍、2013年度が1.45倍という格差は、大量取引がコスト面でも極めて有利であることを物語っている。しかしながら規模の経済性仮説によって年間生産量20万ℓ以下の小規模ワイン製造企業が全体の88.0％を占め、しかも2012年までこれらの企業数が増加し続けてきたことを説明するのは難しい。これらの企業数の増加は、規模の経済性を反映したというよりは、むしろ立地条件の違いや、地方市場で開催される音楽祭などの各種イベントによる固有な市場の存在、製品差別化やその他諸々の要因の作用によるものであって、全国市場に関する限り、小規模ワイナリーの競争上の意義は小さい。しかしながら、ローカル市場、産地市場においてはこれらの小規模ワイナリーが一定の市場シェアを維持して存続していることから、これらの小規模ワイナリーがどのような市場行動によって市場に適応し存立しているかについて検討する必要がある。

2）参入障壁―生産技術面による―

まずワインの生産技術が参入障壁になるか否かという問題であるが、ニュージーランドのワイン産業では製造設備を持たなくてもワイン専門工場への委託生産（OEM生産）によってワインを製造することが可能であるなど、ワイン製造業の参入障壁は高くない。2003年から2014年にかけて、年間生産量20万ℓ以下の企業数が197社（1.43倍）に、年間生産量400万ℓ以下の中規模層の企業数が34社から71社に倍増するなど生産技術面による参入障壁は低く、寡占化の要因とは言い難い。さらに販売ルートの有無が参入障壁になる場合があるが、小規模ワイナリーの場合には自社の蔵売りでの販売が大きな割合を占めているため、参入障壁にはなり得ない。

ニュージーランドのワイン製造業では、中小規模のワイン製造企業の新規

表5　原料価格・加工・包装費用、管理販売費、減価償却費：2006-2013 年

企業規模（販売価額/百万ドル）	販売価額（価額/百万ドル）	原料価額（ドル/トン）	加工・包装費用（ドル/トン）	管理販売費用（ドル/ケース）	減価償却費（ドル/ケース）
$0m-$1.5m	$7,049	$1,500	$16.90	$233.53	$20.52
$1.5m-$5m	$27,691	$1,470	$9.94	$200.17	$20.88
$5m-$10m	$50,481	$1,785	$9.51	$214.89	$16.30
$10m-$20m	$122,837	$1,672	$8.08	$176.15	$9.19
$20m+	$1,466,276	$1,368	$7.55	$160.01	$4.71

資料：New Zealand Winegrowers Association 資料より作成。

参入による企業数の増加が見られたにも拘わらず、ワイン製造企業の最小最適規模は時間の推移と共に上昇する傾向にあり、規模の経済性が生産量の大きな企業において達成されていることを示している。言い換えれば、ニュージーランドのワイン製造業では、適度に資本集約的な工場（企業）が規模の経済性を利用するために、また一定の市場シェアを獲得するために必要であったといえよう。

しかしそれは、大規模製造企業が規模の経済性を決定的に利用し尽くすところまでには至らなかったことをも意味している。そのひとつの理由は、ワイン市場の分散性や需要の多様性にあるが、ニュージーランドでは2000年代半ば以降の製造企業数とワイン生産量の飛躍的な増加によって、2007年と2008年の両年に原料ブドウの生産過剰問題が発生した。ニュージーランド政府は原料ブドウの生産制限を打ち出し、製造企業に対しても量から質への転換を促した。これを契機に、2000年代末以降、ニュージーランドワインの海外市場への輸出が活発化し、大量生産を前提とした大規模製造企業は積極的に海外市場との結合を求めるようになっていった。しかし国際市場では、旧世界ワインと急速に市場を拡大しているアメリカ、アルゼンチン、チリ、オーストラリア、南アフリカなどの新世界ワインとの厳しい競争に晒されており、ブランド力、価格競争力に欠けるニュージーランドワインはその３割程度をバルクワインによる輸出を余儀なくされている。こうした大規模製造企業による輸出向けバルクワインの生産拡大が、上位企業の生産・販売集中度の引き上げに繋がっている可能性も否定できない。この点に関しては、稿を改めて検証することにしたい。

6．小規模ワイナリーの市場行動

1）小規模ワイナリーの概要

New Zealand Winegrowersは、ワインの年間販売量が20万ℓ以下の小規模ワイン製造企業を小規模ワイナリー、年間生産量20万ℓから400万ℓの製造企業を中規模ワイナリー、年間生産量400万ℓ以上の製造企業を大規模ワイナリーと定義している。2014年現在、年間生産量20万ℓ以下の小規模ワイナリーの企業数は総企業数のおよそ9割（88%）にあたる673社に達している。本節では、これらの小規模ワイナリーのうち、オークランド、ワイヘケ、ホークス・ベイ、マールボロの4つのワイン産地の16のワイナリーを対象に実施したヒアリング調査結果をもとに、小規模ワイナリーの市場行動について考察する。

調査を実施した4つのワイン産地にはそれぞれに特徴があり、オークランドは白ワインのシャルドネの主産地であり、ワイヘケとホークス・ベイは赤ワインの産地として知られている。今回の調査地の中では唯一南島のマールボロは、ニュージーランドを代表する白ワインであるソーヴィニヨン・ブランの最大の産地であると同時に、原料ブドウの大産地としても知られている。主な調査対象企業の特徴を簡単に紹介しておこう。オークランドのSoljan Estate Wineryは3代続く典型的な家族経営のワイナリーであり、主にスパークリングワインを生産している。世界のワインマスターが経営するKumeu River Wineryは高品質のシャルドネを醸造している。ホークス・ベイのBlack Barnは高級ワインの醸造所として知られており、ニュージーランド航空賞など数多くの賞を受賞している。Craggy Rangeも高級ワインの醸造所として知られており、Mission Estate WineryとChurch Road Wineryの二つのワイナリーはリーズナブルな価格帯のテーブルワインを生産している規模の大きなワイナリーであり、国内市場では1、2を争う市場シェアを獲得している。マールボロのSacred Hill Winery、Allen Scott Family Wineryは共に家族経営のワイナリーであり、高級ワインに特化して生産している。フランスのファッションメーカー・ルイ・ヴィトンが経営するCloudy Bay Vineyardは比較的規模の大きなワイナリーであり、ソーヴィニヨン・ブランを中心に高価格帯のワインを生産している。Hans Herzog Estate Wineryは調査企業の中で唯一有機ワインを生産している企業であり、年間生産量は2,500ケース(30,000本)と多くない。No.1 Family Estate Wineryはニュージーランドでは珍しいシャンパン専門の醸造所であり、直売を中心に国内外にワインを販売している。

2）ワインの販売と流通チャネルの選択

2014年のニュージーランドのワイン市場は320.4万ℓと、2000年に比べて25百万ℓに拡大している。しかしながら、近年、ワインの国内消費は横這いないし減少傾向で推移しており、人口450万人と市場規模に制約のある国内市場でワインの消費拡大を図るには限界がある。699のワイナリーから出荷されるワインは、①国内のスーパーマーケットやWarehouseなどの量販店、ワインショップ、レストランなどのフードサービスに販売されるものと、②蔵売りと呼ばれる自社の直売所や併設のレストランで販売されるもの、③インターネット販売やMail Orderによって販売されるもの、④バルクワインのようにワインブローカー（仲買人）経由で販売されるものとに大別される。ワインの国内流通の大部分はワイナリーから直接流通業者に販売されるものと、ワイナリーを訪問する見学者に直接販売するチャネルが支配的であり、ワイン仲買人とワイン商（ネゴシアン）などの中間商人が生産者（醸造家）との間で製販分離型の流通システムによってワインを販売しているフランスなどとは大きく異なっている。

ワインの流通経路の選択要因としては、①生産規模、②立地条件、③ブドウの品種とワインの価格、④ワイン製造企業の販売戦略があげられる。New

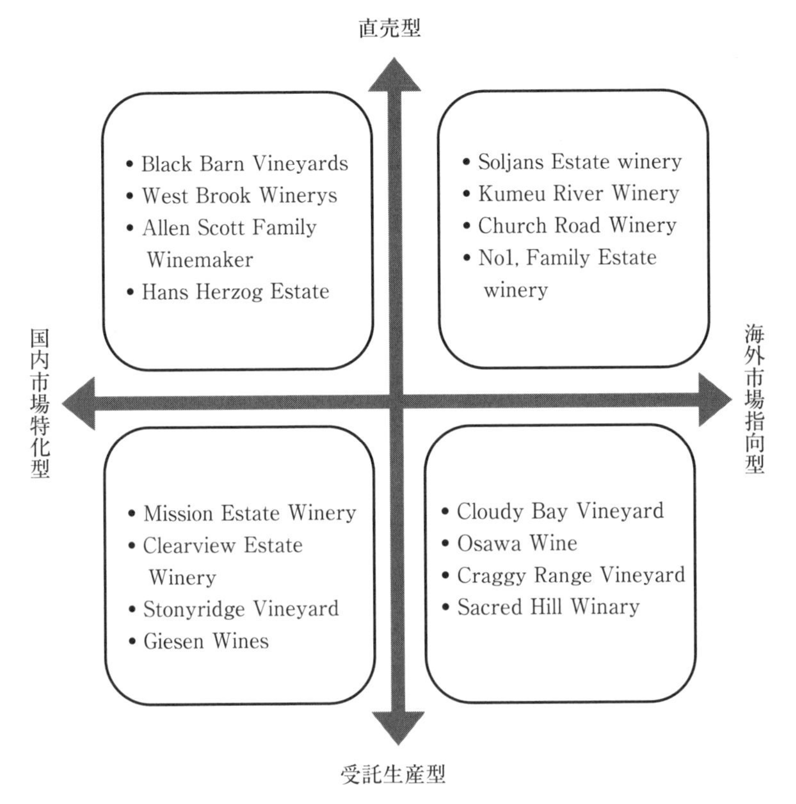

図２　調査企業16社の販売先の類型化

資料：ワイナリー16社のヒアリング調査結果に基いて作成。

Zealand Winegrowersは、ワインの流通経路を卸売、インターネット販売、蔵売り、Mail Order、Broker Orderの５つのチャネルに分けているが、本研究では、16のワイナリーのヒアリング調査結果に基づいて、販路別の販売比率によって輸出を含めた販売先の類型化をおこなった。

調査対象企業16社の販売先別の販売比率によって、①直売型、②国内市場特化型、③受託生産型、④海外市場指向型の４つのタイプに分けることができる（**図２**）。直売型は、主にCellar doorと呼ばれる試飲を兼ねたワイナリーの直売施設と併設のレストランでの販売、インターネット販売、Mail Order、などの販売方法によってワインを販売しているワイナリーを指しており、国内市場特化型は、ワインの7、8割を卸売業者やブローカー経由で国内の量販店やワインショップ、レストランなどのフードサービスに販売しているワイナリーを指している。受注生産型は、他のワイナリーから受注したワインだけを製造している企業（工場）を指している。ニュージーランドには、こうしたワイン専門工場が産地ごとに1、2工場立地している。海外市場指向型は、販路拡大に制約のある国内市場よりも販路拡大の可能性の大きな海外市場との結合を強めているワイナリーを指しており、小規模ワイナリーの中にも、海外に販路を求める企業が少なくない。New Zealand Winegrowersの資料で見る限り、生産規模の大小だけが流通チャネル選択の決定要因とは断定できないが、小規模ワイナリーの場合は、主に蔵売りと併設のレストラン、インターネット販売での販売比率が高いことがわかる。とりわけ、メルロー、シャルドネ、ピノ・ノワールなどの高級ワインを製造している20万ℓ以下の小規模ワイナリーにおいてそうした傾向が顕著である。これは差別化商品を求めてワイナリーを訪問する顧客を重要な販路にしているためである。小規模ワイナリーの多くは、ワイナリーでの直売と近隣のワインショップへの販売が一般的であり、企業規模が大きくなるに従い、量販店への出荷割合が高くなる傾向にある。またニュージーランド特有の流通形態として受託生産がある。受託生産とは、専門工場と呼ばれるワイン製造の専門工場で生産されるワインを指しており、これらの専門工場では自社ブランドのワインは生産されず、もっぱら他のワイナリーから委託されたワインだけを生産し、生産したワインは全量委託先のワイナリーに出荷されている。近年、海外に販路を求めるワイナリーが増える傾向にあり、ニュージーランドワインの海外市場への依存度はより一層高まる傾向にある。

3）商品開発と価格決定行動

ニュージーランドでは、ほとんどのワイナリーが自社ブドウ園で生産した

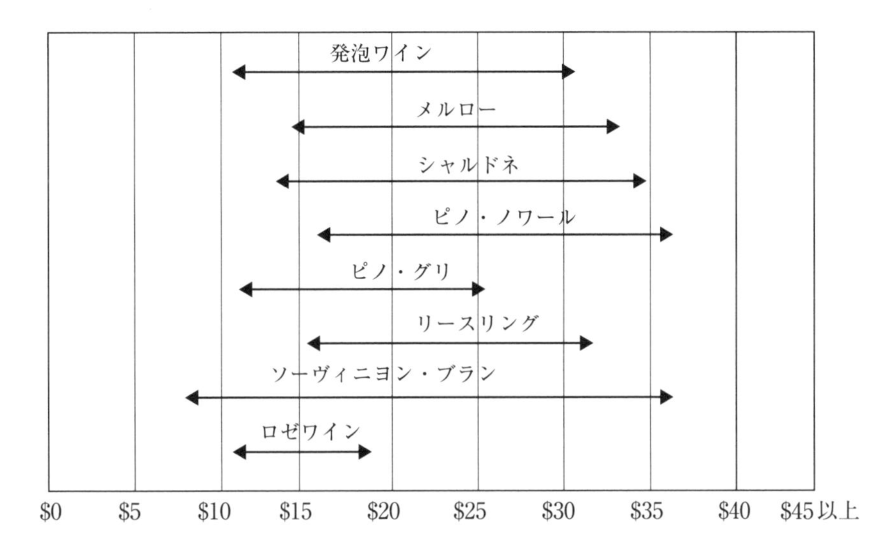

図３　品種別ワイン小売価格のレンジ　単位：（NZドル/750㎖）

資料：ワイナリーからのヒアリング調査結果と市場価格調査に基いて作成。

原料ブドウとブドウ生産農家との契約取引（契約栽培）によって調達したブドウを原料にワインを生産しているが、使用するすべての品種の原料ブドウを自社ブドウ園産のブドウで賄うことができないため、ブドウの品種によっては生産農家との契約栽培や原料市場からの調達する割合が高くなっている。契約栽培による原料ブドウの調達比率はワイナリー毎に異なっており一律ではない。さらに大規模ワイナリーの場合には、日本酒の桶取引と同じように販売力に乏しい中小ワイナリーから半製品のバルクワインを購入する割合が高くなっている。どの程度のバルクワインを購入しているかは、ワイナリーの規模や輸出比率によって異なっており、一律には捉えられない。

一方、小規模ワイナリーの場合には、メルロー、シャルドネ、ピノ・ノワール、リースリング、ソーヴィニヨン・ブランの５つのブドウ品種に特化して750㎖あたり20ドルから40ドルの高価格帯のワインを製造しており、原料ブドウの購入許容価格（１ケース当たり20ドルから26ドル）に対して十分な利

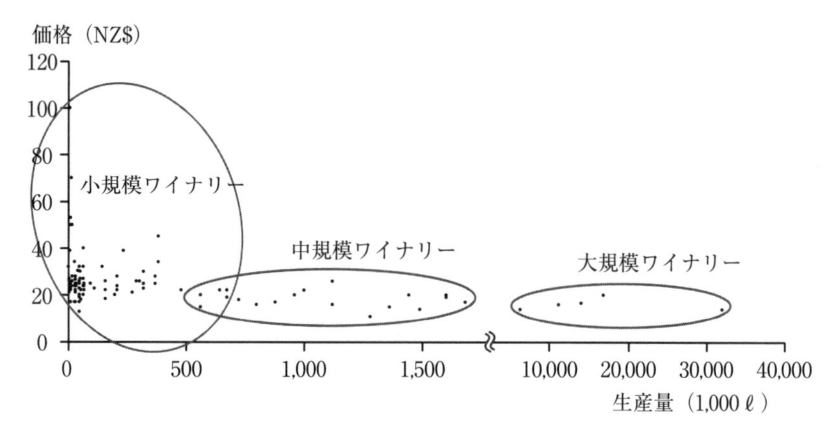

図４　生産規模別ワイン製造業の製品価格分布

資料：Wine Atlas of New Zealand and Wine of New Zealand及びワイナリー103社資料より作成。

益が確保できていることがわかる。

ワイナリーの企業規模別の価格分布を示したのが**図４**である。図のように、企業規模別にワイナリー毎の年間生産量と平均販売価格をプロットしてみると、原点に凸となる分布になることから、データを対数変換して相関係数を求めた。これを見ると、相関係数は負の値（－0.48997）であり、生産規模が大きくなるに従い、販売価格が低くなっていることがわかる。このことから、銘柄ワインは原料ブドウの品種に大きく左右されることがわかる。ニュージーランドにおけるワインの価格形成には、高品質原料を用いた製品差別化とブランド化の要因が強く作用する一方、ワイナリーの生産規模が価格形成に大きく影響していることがわかる。小規模ワイナリーほど、特定の原料ブドウを用いた高級ワインの生産に特化する傾向にあり、製品差別化の結果として、品質差による高い価格設定をおこない、安定した収益を確保していることがわかる。

4）ワインの輸出行動

ワインの海外市場への輸出は、2007年、2008年のブドウの生産過剰問題が引き金となって右肩上がりの成長が続いている。2012年の輸出量は１億7,800万ℓと2003年の6.6倍に拡大し、輸出金額も11億7,700万NZドルと4.17倍に増えている。ワインの主な輸出先は、オーストラリア、英国、アメリカ、オランダ、中国、香港、アイルランド、シンガポール、日本などであり、その２割から３割（年変動がある）がバルクワインとして輸出されており、旧世界ワインや他の新世界ワインに比べて製品（ボトルワイン）の輸出比率が低いのが特徴である。なぜ製品のボトルワインではなく半製品のバルクワインの輸出割合が高いのか、バルクワインの輸出を決定する要因としては、一方に狭小な国内市場という市場の制約要因が、もう一方に、新興国におけるワイン需要の拡大に伴うバルクワインに対する需要の拡大が相対していることがその理由である。しかも、ニュージーランドのワイン製造業は全体的に小規模であり、国際市場での知名度が低く、製品で輸出しても買い手が少なく、ニュージーランド政府が粗悪品（製品）の輸出を厳しく制限していることもあって、中国などへの半製品輸出が拡大していることに起因している。

ワインの輸出は、ニュージーランド貿易促進庁（NZTE）の支援のもとに、ワイン製造企業がワイン輸出業者に直接売却するケースと、ブローカーと呼ばれるワイン仲買人を通じて輸出業者に販売される二つのケースがある。前者の取引は製品輸出に多く、後者の取引はバルクワインの取引に多く見られる輸出チャネルである。

7．結論

本研究では、産業組織分析の手法を用いて、ニュージーランドにおけるワインの市場構造の特徴について分析し、それを踏まえてワイン製造業のおよそ８割を占める小規模ワイナリーの市場行動を、流通チャネルの選択、商品開発と価格決定行動、輸出行動の側面から考察した。分析の結果からは、ニュージーランドのワイン産業では上位６社の生産集中度と販売集中度が７割から８割に達するなど市場集中がすすみ寡占構造が形成されていること、ワイン製造業における市場集中の最大の規定要因は生産の規模の経済性にあること、規模の利益は生産面だけでなく販売費用（大量取引の経済性）とも密接に関連していることが明らかになった。一方、ワイン製造業への参入障壁は低く、それはワイン専門工場への委託生産が可能であり、新規参入が容易であることが明らかとなった。

一方、ワイン製造企業のおよそ９割を占める小規模ワイナリーは、商品開発にあたっては使用する原料ブドウの品種にこだわって、高価格帯の高級ワインを生産し、自社の蔵売りと併設のレストランでの販売やインターネット販売、Mail Orderなどの多様な販売チャネルを利用して顧客に販売していることが判明した。小規模ワイナリーの市場行動の特徴は、ワイン需要の多様性や産地市場で開催される音楽祭などの各種イベントなど、各々のワイン産地に固有な市場の需要に対応した独自の商品開発による製品差別化と多様な流通チャネルの選択にあり、ワイナリー内の蔵売りや近隣市場への直売による流通コストの節減によって企業収益を確保していることが明らかとなった。

（註１）　本報告書は、収益性、主な財務比率、損益計算書、バランスシートなどのデータが５つの売上規模階層（winery size）毎に整理されたものであるが、生産量や雇用等に関する基礎的な情報の記載がない。

（註２）　通常、市場集中度は生産額（販売額）の大きい順に第１位から第10位、第20位といった企業の生産額、販売額の合計がワイン製造業の総生産額、総販売額に対して何％を占めているかという指標（CR4、CR10、CR20）によって市場の競争構造を明らかにしようとするものであるが、本研究では統計データの制約から上位６社（CR6）、上位35社（CR35）、その他に分けて集中度を算出した。

第4章

ワインの流通とサプライチェーン

1．はじめに

ニュージーランドでは年間2,300万トンから3,200万トン程度のワインが生産され、そのおよそ８割が海外市場に輸出され、残りの２割程度が国内市場で販売されている。人口450万人のニュージーランドは市場規模が小さく、国内でのワインの需要拡大には限界があることから、生産されたワインの大部分は国際市場に輸出されている。ニュージーランドのワイン産業が輸出産業として確立されたのはワイン法が成立した2000年代以降であり、ニュージーランドの代表的な輸出農産品である肉類、乳製品、林産物などに比べて輸出のボリュームが小さく、農産品輸出の数％を占めるに過ぎない。しかしながら、2000年代末以降のワイン産業の急速な成長に伴い、ワインの輸出量も大幅な増加傾向をたどっており、今後の輸出拡大が期待されている。

本章では、ニュージーランドにおけるワインの流通とサプライチェーンの内容を概観し、そしてそれが最終需要者の手に渡るまでのパイプラインとしてどのように機能しているかについて検討する。

2．ワインの流通チャネル

図１はニュージーランドの代表的な輸出品目である肉類、木材、ワインの三大品目とそのサプライチェーンを示したものである。三大輸出品目に成長したワインの生産と消費をつなぐパイプは、流通機構と呼ばれているが、ニュージーランドにおけるワインの流通機構は、国内流通と国際市場への輸

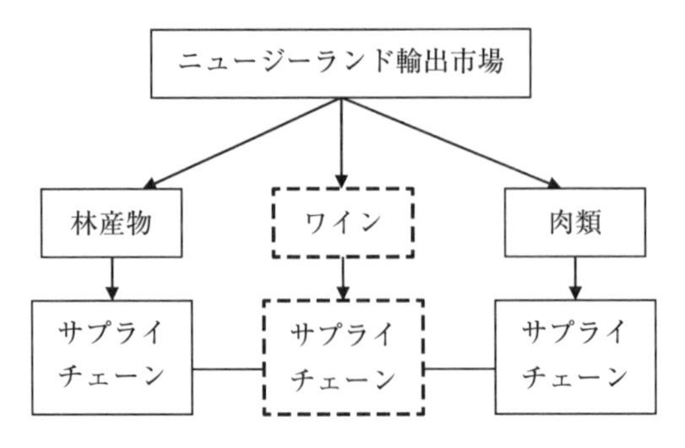

図1　ニュージーランド輸出市場における３大輸出商品

資料：New Zealand Winegrower資料より作成。

出という２つのチャネルに分かれており、後者の輸出が大きな割合を占めているところに大きな特徴がある。ニュージーランドにおけるワインの流通機構の二つめの特徴は、製品であるボトルワインの流通と同時に半製品であるバルクワインの国内流通と輸出というもう一つのチャネルが形成されていることである。ワイン流通の３つめの特徴は、多数の卸売商とリカーショップなどの小売商と同時に、ワイン製造企業がCellar Doorと呼ばれている自社の直売店やインターネット販売やMail Orderやブローカーなどを通じた独特の販売チャネルが形成されていることである。

図２は、ワインの流通チャネルの全体像を鳥瞰図的に現したものである。ワインの原料となるブドウを生産しているのはブドウ生産農家であるが、大部分のワイン製造企業も自社農園を所有し原料ブドウを生産している。どの程度の原料ブドウを自社生産で賄っているか、その割合は企業規模によって大きく異なっている。2014年の原料ブドウの生産農家の数は762戸、ブドウの生産量（搾汁量）は445,000トンに達しており、生産されたワインは、上段に示した「国内市場向け」と、下段に示した「輸出市場向け」の２つのチャネルによって国内市場、国外市場に販売されている。

まず大づかみに、国内市場におけるワインの流通経路をみると、生産されたワインは、ワイン製造企業から卸売業者経由或いはワイン製造企業から直

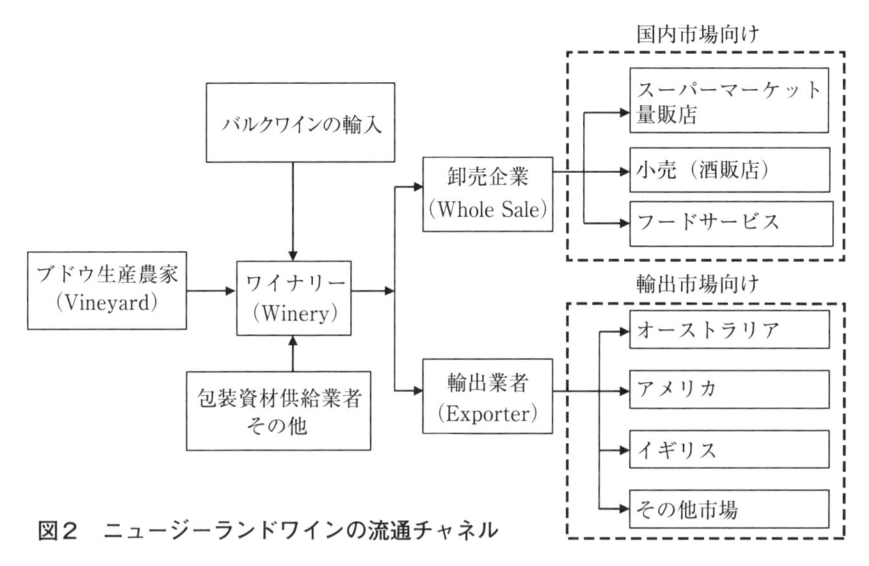

図2　ニュージーランドワインの流通チャネル

資料：New Zealand Winegrowersの資料に基づいて筆者作成。

接スーパーマーケットやWare houseなどの量販店、酒販店などの小売店、レストラン、ホテルなどのフードサービス産業に販売されている。2015年度のワインの国内出荷額は6,100万ℓ、2014年に比べて1,200万ℓ（24％増）増加しているが、国内消費量が最も多かった2011年の6,630万ℓに比べて44万ℓ減少している。

次に、ワインの輸出チャネルをみることにする。ワインの主な輸出市場はオーストラリア、イギリス、アメリカ、カナダ、中国、香港、日本、アイルランド、シンガポール、オランダなどであり、2015年の輸出量は209百万ℓに達し、2014年に比べて100万ℓ増加している。2006年以降のワインの輸出量は概ね200万ℓ台で推移しており、大きな変動は見られない。輸出向けワインには、ボトルワイン（製品）とバルクワイン（半製品）の2つがあり、2015年のボトルワインの輸出量は135百万ℓ（対前年比2％増）、バルクワインの輸出量は70百万ℓ（対前年比34％増）となっており、減少傾向にあるバルクワインの輸出量が依然として3割強を占めていることが判る。以上からも明らかなように、生産されたワインのおよそ8割を輸出に依存しているのがニュージーランドのワイン産業である。以下では、ワインの流通とサプライチェーンを国内市場と輸出市場に分けてそれぞれの内容を検討しておこう。

3．ワインの国内流通

図3は、ワインの国内販売のサプライチェーンを示したものである。ブドウ生産農家で生産された原料ブドウは、673のワイン製造企業によって、ボトルワインとバルクワインに加工された後、卸売業者を経由して量販店である823のスーパーマーケットや49のWare house、459のリカー・ショップなどの小売店、2,228のホテル、2,776のレストラン、1,852のワインバーなどのフードサービス産業に販売されている。ワイン流通の中核を担う卸売業者にはワインを専門に扱う卸売業者の他に、ウイスキーやビールなどのワイン以外の酒類やタバコの卸売を兼務している酒類／タバコ問屋とグロッサリーストア向けの商品を扱っている食品問屋の3つのタイプの卸売業者がワインの

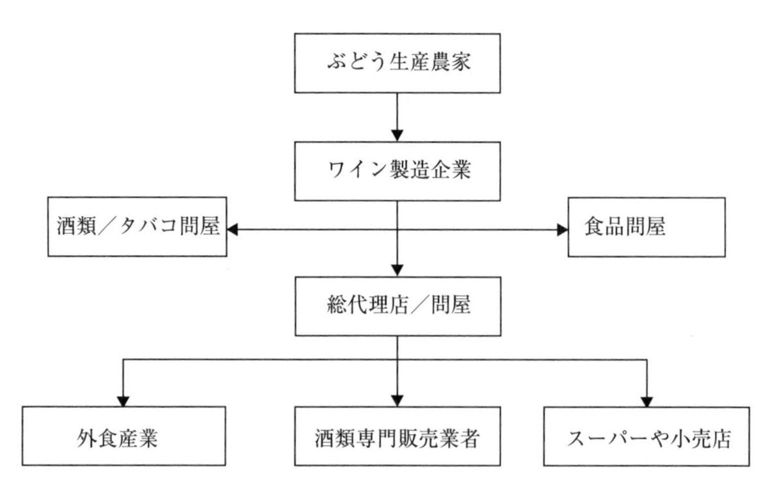

図3　ワインの国内流通とサプライチェーン

資料：New Zealand Winegrowers資料より作成。

流通を担っているが、とりわけワイン専門の卸売業者の取扱量が過半を占めている。

ニュージーランドにおけるワインの流通は、フランスのボルドーワインのようにワイン製造企業とワイン商と呼ばれている販売業者がワインの生産と販売を分業している「生販分業型流通システム」とは異なっており、アメリカ型の「三段階流通システム」とも異なっている（註1）。また日本では古くから「清酒」の流通を中心に形成された製造企業から卸売企業を経て小売業者に販売する「生販三層」と呼ばれる流通システムが確立されており、この「生販三層」によってアルコール飲料が販売されてきたが、チェーン・スーパーやディスカウントショップなどの大型小売店の出現によって、酒類の流通チャネルや取扱いシェアにも大きな変化が起きている（註2）。これに対して、ニュージーランドのワイン流通とサプライチェーンは、小規模ワイン製造企業を中心にCellar DoorやMail Orderなどによる「前方統合型」に近い直売型の流通システムと、大規模ワイナリーと大型小売店、輸出入企業との間で形成されている「後方統合型」の流通システムが形成されており、ボルドー・ワインのような、分業型のサプライチェーンとは大きく異なっている。つまり、多様な流通チャネルが混在して成立しているところに、ニュージーランドのワイン流通の大きな特徴があり、こうした多様な流通チャネルが小規模なワイン製造企業の存立を可能にしているといえよう。

ニュージーランドにおけるワインの卸売業者の市場シェアを示したのが**図4**である。清涼飲料などを含めた飲料全体の取扱量ではワインなどのアルコール飲料の取扱量が61％を占めており、非アルコール系飲料が39％を占めている。もっとも取扱量のシェアが大きいのは米国系資本のConstellationの13％、2位がPernod Ricardの11％、3位はローカル資本のDelegat'sと日系のLionの2社であり、それぞれ7％の市場シェアを持っている。4位はVilla Mariaの4％、5位はTreasuryとWither Hillsの各3％、以下、Yealands、Giesen、St Clair、Mud House、Cloudy Bay、Sacred Hillがそれぞれ2％、Mount Riley、Vavasourが各1％を占めている。

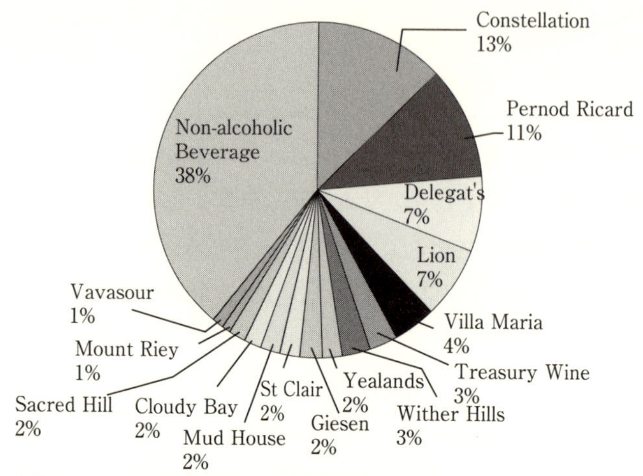

図４　ワイン取扱い業者の国内市場シェア

資料：Coriolis research-consulting strategyより筆者作成。

4．輸出ワインのサプライチェーンと輸出マーケティング

図５にワインの輸出フローを示した。通常、ブドウ生産農家或いは自社農園で生産された原料ブドウを使用して生産された輸出用ワインは、**図６**に示すように、ボトルワインとバルクワインに分けられる。ブドウ生産農家で生産された原料ブドウを購入したワイン製造企業は、瓶詰業者や資材供給業者から生産資材を調達し、ボトルワインとバルクワインのいずれか或いは両方を生産しているが、ボトルワインとバルクワインをどのぐらいの割合で生産しているかは、企業の生産規模や企業の製品戦略によって異なっている。まず右欄のボトルワインのサプライチェーンをみてみよう。ボトルワインのサプライチェーンは比較的シンプルであり、生産されたワインは、貯蔵タンクに一時保管されたあと瓶詰・包装されてオークランド或いはウエリントンの港から20フィートコンテナに積み込まれて、シドニーやロンドン、ニューヨーク、香港、シンガポールなどに出荷されている。

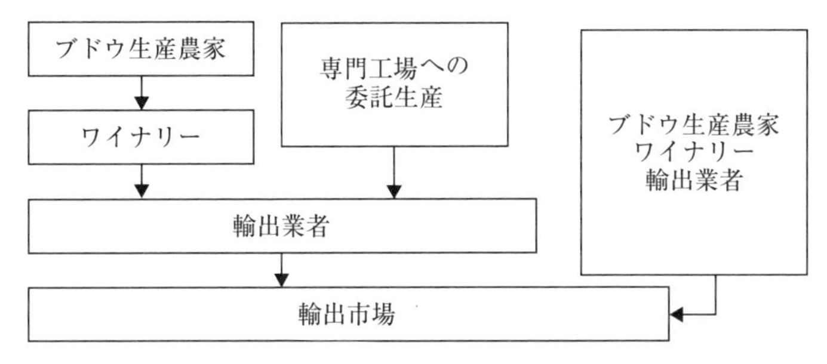

図５　ニュージーランドにおけるワインの輸出フロー

資料：Supply chain innovation: New Zealand logistics and innovation August 2012 資料より作成。

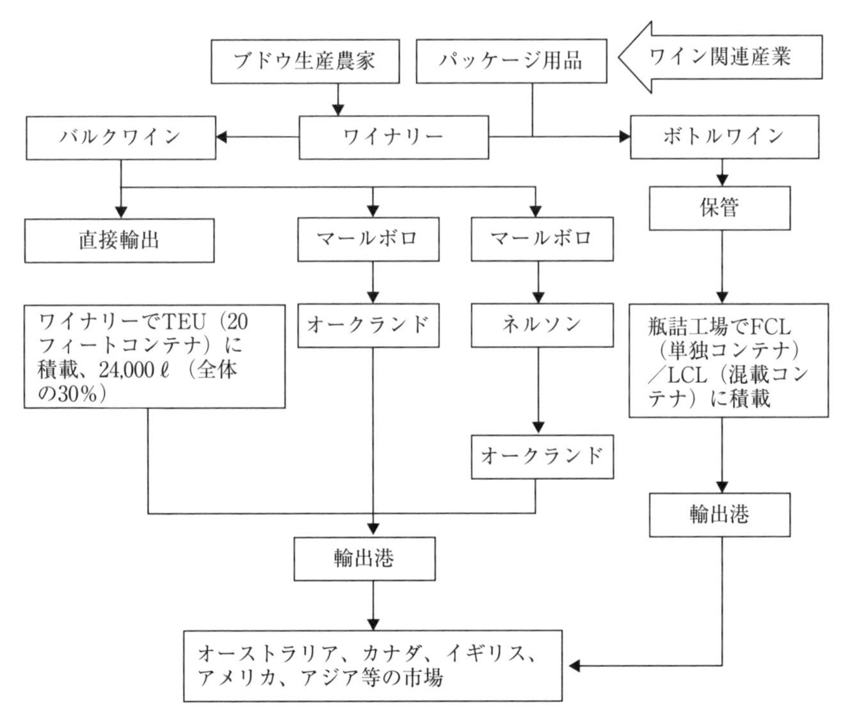

図６　ニュージーランドにおけるワイン輸出のサプライチェーン

資料：Supply chain innovation :New Zealand logistics and innovation August 2012 より作成。

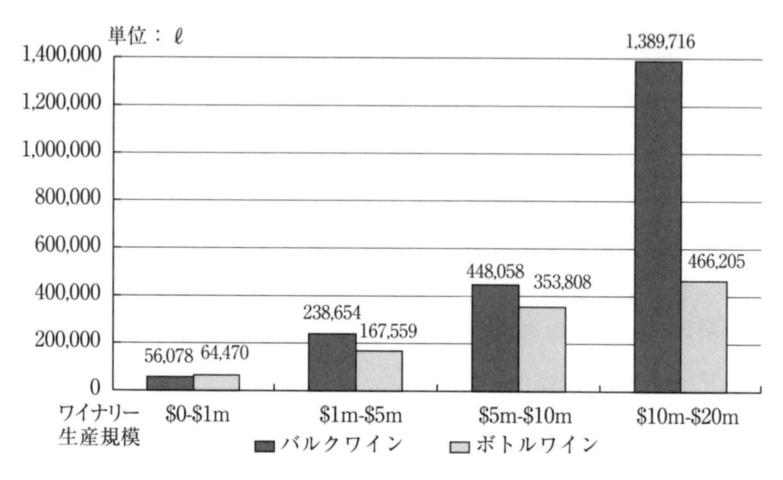

図7　企業規模別ボトルワインとバルクワインの生産量：2014年

資料：New Zealand Winegrowers Annual Report 2014より作成。

一方、バルクワインのサプライチェーンは幾分複雑である。ワイン製造企業で生産されたバルクワインは、オークランドやウエリントンの港から直接輸出市場であるオーストラリア、アメリカ、イギリス、中国、カナダなどに輸出されるものと、ワインの大産地マールボロの大手ワイン製造企業に販売された後、マールボロのワイン製造企業からオークランドやネルソンなどのワイン製造企業に転売されるもの、さらにネルソンのワイン製造企業からオークランドのワイン製造企業に再転売された後、一カ所に集められてバルクワインとして海外市場に輸出されているものとに分けられる（**図6**）。

図7に示すように、バルクワインの生産は相対的に企業規模の大きなワイン製造企業が大きな割合を占めており、輸出ワインの３割程度がバルクワインとして輸出されている。2008年から2012年にかけてのボトルワインとバルクワインの輸出金額と輸出量の推移を示したのが**図8**と**図9**である。2008年には輸出金額で１割程度に過ぎなかったバルクワインの輸出量が、2009年以降大幅に増加し、2010年以降、全輸出額の２割から３割程度を占めるようになっている。ニュージーランドにおいて、バルクワインの生産と輸出が相対

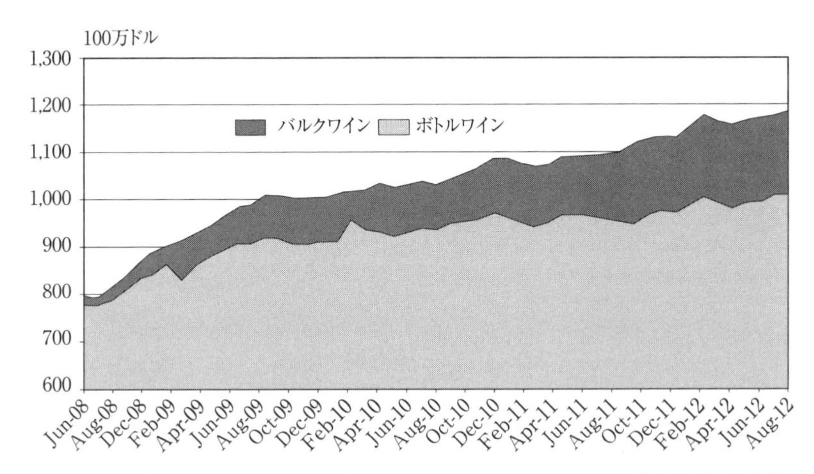

図８　ニュージーランドにおけるボトルワインとバルクワインの輸出金額の推移 2008-2012

資料：PWC analysis New Zealand 資料より作成。

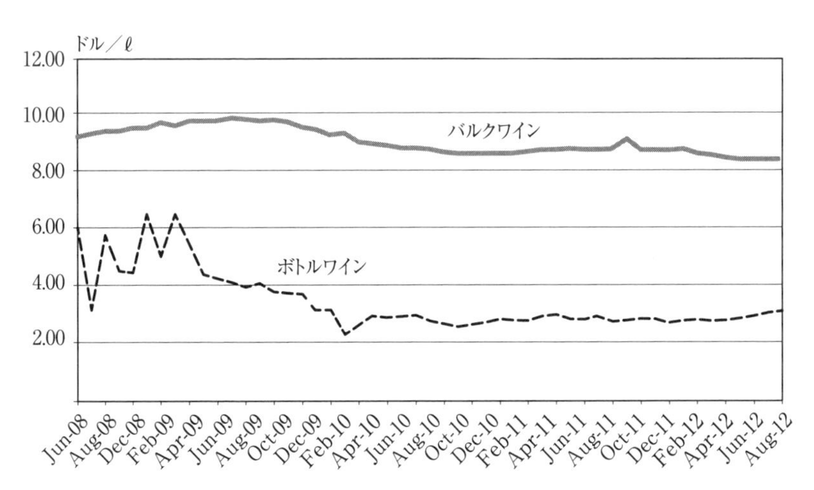

図９　ニュージーランドにおけるボトルワインとバルクワインの輸出量の推移 2008-2012

資料：PWC analysis New Zealand 資料より作成。

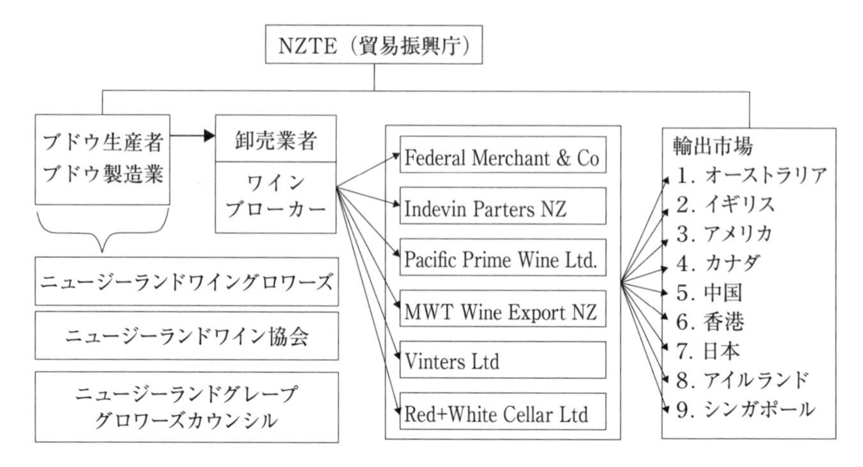

図10　ニュージーランドのワインセクターとワインの輸出組織

資料：New Zealand Winegrowers and NZ Grape Growers Council資料より作成。

的に多いのは、海外のワイン生産国でブレンド用に使用するバルクワインの需要が多いこと、ボトルワインに比べてバルクワインの輸出単価は低いものの、加工・包装に必要な経費が節減できるなどワイン製造企業にとって輸出が容易であることがその背景にある。

生産されたボトルワインとバルクワインは卸売業者経由で輸出企業に出荷されるものと、ワイン製造企業からブローカーと呼ばれる中間業者を経由して輸出企業に出荷されるものとがあり、前者は製品（ボトルワイン）の輸出に多く、後者は半製品（バルクワイン）の輸出に多く見られる輸出チャネルである。卸売業者、ワインブローカー経由で出荷されるワインは、ニュージーランド貿易振興庁（NZTE）の管理のもとに輸出企業によって世界各地のワイン市場に輸出されており、主な輸出企業としては、Federal Merchant社、Indevin Parters NZ社、Pacific Prime Wine 社、MWT Wine Export NZ社、Vinters社、Red+White Cellar社などが挙げられる（**図10**）。ワインは、オーストラリア、イギリス、アメリカ、カナダ、中国、香港、日本、アイルランド、シンガポール、オランダなど総計20カ国以上の国々に輸出されており、

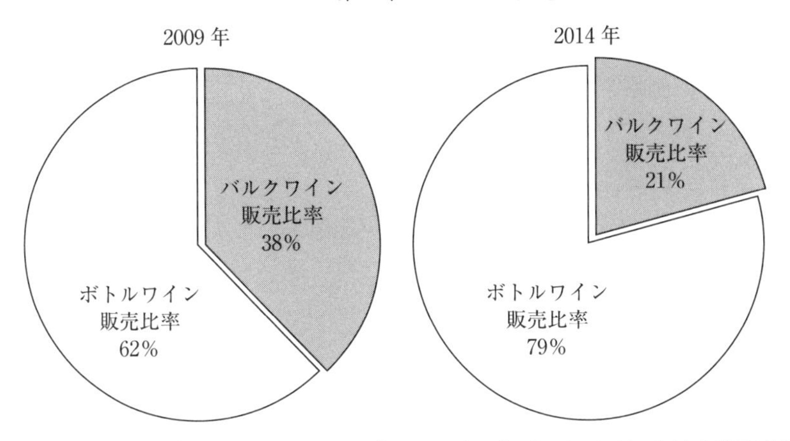

図11　ニュージーランドにおけるボトルワインとバルクワインの輸出比率の変化

資料：New Zealand Winegrowers and NZ Grape Growers Council資料より作成。

輸出相手国で代理店契約を結んでいる特約店（輸入業者、卸売業者）からそれぞれの国の二次卸、小売企業、フードサービス産業などに販売されている。

近年になって、輸出用ワインの３割程度を占めてきたバルクの輸出が大きく減少する傾向にある。**図11**は、2009年と2014年の２つの時点について、ボトルワインとバルクワインの輸出割合の変化を見たものである。**図11**からも明らかなように、近年、バルクワインの輸出量は大幅な減少傾向にある。こうしたバルクワインの輸出割合の変化は、ニュージーランド政府とニュージーランドのワイン業界が共同して、付加価値の低いバルクワインからプレミアムワイン、オーガニックワインなどの付加価値の高いワイン生産への転換を推進していることを示している。こうしたバルクワインの輸出減退の背景には、オーストラリアやチリなどの新世界ワインに比べて生産量の少ないニュージーランドのワイン産業にとって、付加価値の低いバルクワインの生産と輸出に依存し続けることは、ワイン産業の将来にとって好ましくないという判断があるものと思われる。ニュージーランド政府とワイン業界による高付加価値ワイン生産への政策転換、企業の戦略転換がバルクワインの輸出量の減少に繋がっているものと思われる。

5．ワインの価格と流通コスト

ワインの小売価格の中で流通費用がどれぐらいのウエイトを占めているか、或いはワイン製造企業から出荷されるときの価格に比べて、最終消費者に販売されるときの価格は何割程度高くなっているのかは研究者にとって関心のあるテーマである。アメリカなどでは、各種農産物について、生産者価格、卸売価格、小売価格を比較し、その差を価格スプレッドと呼んで、毎月、公表しているが、ニュージーランドのワインの価格については同様のデーターが見あたらないことから、ここではNew Zealand wine industry benchmarking surveyをもとに、企業規模毎の製品価格の分布と価格形成の要因について大掴みに整理するにとどめ、価格形成と流通コストの検討は今後の課題としたい。

2014年のワイン製造企業の販売規模別の価格分布によると、最も販売規模の大きな20百万ドル以上を売り上げているワイン製造企業では20ドルから50ドルの価格帯のボトルワインが29％を占め、次に多いのが10ドルから15ドルの価格帯の26％、以下、７ドルから10ドルの価格帯が18％、15ドルから20ドル台が16％、樽ワインが10％となっている。次に販売規模の大きな10～20百万ドル層のワイン製造企業では、最も販売数量の多いのが20ドルから50ドルの価格帯で47％と半分近くを占めている。次に多いのが15ドルから20ドルの価格帯の29％、10ドルから15ドルの価格帯が24％を占めている。さらに５～10百万ドルの販売高のワイン製造企業では、33％のワインが20ドルから50ドルの価格帯で販売されており、45％が15ドルから20ドルの価格帯で、16％が10ドルから15ドルで販売されている。さらに企業規模の小さな1.5～5百万ドルのワイン製造企業の場合には、およそ２割の製品が50ドル以上の高価格帯で販売されており、61％が20ドルから50ドルの価格帯で販売されている。最下層の1.5百万ドル未満のワイン製造企業の場合には、20ドルから50ドルの価格帯の商品が35％、15ドルから20ドルが30％、10ドルから15ドルが30％

とほぼ3つの価格帯に分かれていることが判る。つまり、benchmarking surveyの調査結果から言えることは、大規模ワイン製造企業の場合には、規模の経済によって比較的低価格帯でのワインの販売が可能であり、一方、生産量、出荷数量の小さい小規模ワイン製造企業の場合には、少量多品種の製品を高価格帯で販売していることが読み取れる。しかし国内向けの販売価格と輸出向けの販売価格が同じなのか、異なっているのか、卸売価格や小売価格がどのように決定されているのか、ニュージーランドにおいても他の先進国と同じように、Ware Houseやスーパーチェーンなどの量販店、小売企業によるバイイングパワーが存在するのかどうかといった点に関してはその実態を把握することが困難である。いずれにしても、国内市場が狭小なニュージーランドでは、流通チャネルやサプライチェーンそれ自体がシンプルな構造になっており、日本やアジア市場に見られるような特異な取引慣行は見られない。

6．ワイン流通の課題

以上、ニュージーランドワインの流通とサプライチェーンの内容について検討してきたが、2000年代以前のように、小規模なワイン製造企業が零細な小売業者や消費者と直接結びついていた時代には、ワインの流通経路も極めてシンプルだったと思われるが、しかし現在のように、ワイン製造企業が大規模化し、またスーパーマーケットやWare houseなどのように小売業自体も大規模化すると、市場参加者の零細性を特徴とした生産・流通システムとは異なる流通システムが形成されることになる。

つまり、ニュージーランドのワイン産業の場合には、ワイン製造企業自体がCellar doorやMail orderなどのような独自の流通経路を持つ前方統合の形と、国内の小売業や輸出企業或いは海外の輸入業者からワイン製造企業に対して、ワインの種類や製造方法を要求する後方統合型の二つの流通システムが形成されている可能性がある。この種の統合は、ワイン製造企業が直営の販売店やレストランなどを経営するという強い形のものから、ワイン流通業者などによるワインの委託生産に至るまでさまざまな形態が考えられるが、それらはいずれも市場外流通としてそれぞれ独立した閉鎖的な流通システムを形成していると思われる。それが、どの程度の規模でおこなわれているかについては把握することが困難であるが、いずれにしてもニュージーランドのワイン流通にはこのような部分システム間の競争という側面が見られることも事実である。

われわれは、ニュージーランドのワイン産業の発展の原動力として、ワインの生産から国内流通、輸出に至るさまざまなサプライチェーンの存在、すなわち大手のワイン製造企業を中心としたメーカー主導のサプライチェーンから、大規模小売店（スーパーチェーンやWare House）を中心とした小売→ワイン生産のサプライチェーン、輸出企業とワイン製造企業によって形成されている輸出市場向けのサプライチェーン、有機ワインの生産によってワインの付加価値を高め、消費者や地域社会と連携しながら自然環境との間に循環型のワインの生産システム、イノベイティブな流通システムを構築しようとするワイン製造企業が存在していることを確認することができた。これらのサプライチェーンがお互いに競争したり連携協力しながらワイン産業全体を絶えずリシャッフルし、それを通じてワイン産業が自己変革しながら発展してゆくことが望ましいが、気候変動等の影響を受けやすいワイン生産の場合には、政府機関による支援と同時に、市場メカニズムの欠陥を補うための政府の指導や関与が不可欠と思われる。

最後に、われわれがワイン製造企業699社（2013年現在）に対して実施したアンケート調査結果によると、政府の輸出政策に対して必ずしも満足していない小規模ワイン製造企業が少なからず存在していることが明らかとなった。とくに税金の負担を感じている企業やワインの輸出に関して輸出競争力に欠ける小規模ワイン製造企業に対しては輸出への課税を廃止すべきであるといった意見や、政府の補助や助成金を求めるもの、保護政策が取られている海外のワイン市場の自由化に向けた政府の強い取り組みを求める意見などが見られた。輸出に大きく依存するニュージーランドのワイン産業にとって、如何にして輸出市場のハードルを低くするかは最重要の課題であり、政府の政策とワイン製造企業との間に、現行の税制度や貿易制度のあり方をめぐって若干の齟齬が見られることも事実である。この点も今後の課題として問題の指摘にとどめたい。

（註１）アメリカでは禁酒法時代以前の悪弊であるアルコール製造業者による小売支配を排除するために、小売店とサプライヤーとの間に州政府の認可を受けた卸売業者を置くことによって酒類流通の三段階システムを導入している。現在、三段階流通システムは、流通システムに卸売業者を配置した「開放型州」と、卸売業者に代わって州政府がその役割を担う「専売・管理型州」の二つに分かれており、31の州が「開放型」を導入し、他の19の州では「専売・管理型」の流通システムが導入されているが、卸売業者とは別に仲介業者と呼ばれている流通業者が存在しており、ワイン製造企業の代理人になって小売業者に直接ワインを売り込む活動をおこなっている。

（註２）日本の酒類の流通は「生販三層」と呼ばれている製造企業から卸売企業、小売業者を経て消費者やフードサービス（料飲店）に販売されるチャネルが一般的である。この流通機構における日本酒製造企業は1,576社、卸売企業598社、小売業者108,011者となっているが、これらのうち全国市場を商圏とする企業は数社に過ぎず、大部分の企業は特定の地域を商圏とする地域企業である。日本酒の流通経路は、卸売りの段階で多段階（１次卸、２次卸）になるケース、或いは製造企業から直接小売業者に販売されるケースもあり、その流通迂回率は１程度であり、他の商品に比べて単純で短いものになっている。

第5章

ワインの需要構造
—国内需要と海外需要—

1．はじめに

フルーティでなお且つ深みのあるニュージーランドワインが、イギリス、アメリカ、カナダ、オーストラリア、中国などの世界の消費者の間で静かなブームになっている。そのひとつの理由は、持続可能な栽培方法で作られるニュージーランドワインが環境問題や安全性の問題に敏感な世界の消費者の間で支持を広げていることにある。ニュージーランドで生産されている96％以上のワイン用ブドウは農薬や化学肥料などの使用を制限した持続可能な栽培方法によって生産されており、有機栽培による原料ブドウを使用したオーガニック・ワインの生産量も年々増加する傾向にある。しかしながら、人口450万人に過ぎない国内でのワイン需要の拡大には自ずと限界があり、生産されたワインの大部分は20カ国以上の国々に輸出されている。

ワイン市場における供給の枠組みと生産のあり方を決定する基礎的な条件として、ここではワインの需要構造について検討する。ニュージーランドワインに対する需要のうち、もっとも重要性の高いものは国際市場におけるワインの需要動向である。現代は、ワインが単に消費されるだけではなく、ワインの供給に関わるブドウ生産農家やワイン製造企業が、原料ブドウやワインの安全性はもとより環境問題や企業の社会的責任などに対してどのように対応しているか、言い替えると販売されているワインが、健康的であるのかどうか、環境にやさしいのかどうか、遺伝子組み換え作物でないのかどうか、といった点が問われるようになっている。ここでは、ワインの消費需要を国内需要と海外需要に分けて考察する。

2．ワインの国内需要

ニュージーランドにおけるワインの市場規模と１人当たりのワインの消費量を示したのが**表１**である。2014年のワインの国内販売量は49.9百万ℓと2003年に比べて14.6百万ℓ増加しており、１人当たりの消費量も2003年の8.8ℓから2014年の11.2ℓへと2.4ℓ増加している。しかしながら、2006年以降における国内の１人当たりのワインの消費量は概ね20ℓから21ℓの水準で推移しており、国内市場におけるワインの需要はおおむね飽和状態に達していることが判る。ニュージーランド国内で消費されているワインは、ニュージーランドのナショナル・フラッグと呼ばれているソーヴィニヨン・ブランとピノ・グリが大部分を占めているが、ピノ・ノワール、シャルドネ、メルロー、リースリング、カベルネ･ソーヴィニヨン、ゲヴュルツトラミネール、シラー、セミヨン、カベルネ・フラン、マルベック、マスカット、ミュラー・トゥルガウ、ピノタージュ、シュナンブラン、ライヒェンシュタイナー、その他のバラエティに富んだワインが消費されている。ワインのタイプ別では白ワインの割合が８割以上を占めているが、2009年以降は赤ワインの割合も高まる傾向にあり、スパークリングワインも一定の割合で消費されていることが判る。

ニュージーランド国内で消費されているワインのうち、国産ワインと輸入

表１　ニュージーランドにおけるワインの市場規模と１人当たりのワイン消費量（再掲）

年次	2003	2006	2008	2010	2012	2013	2014	14/03
国内販売量(百万ℓ)	35.3	50.0	46.5	56.7	63.5	51.7	49.9	1.41
ワインの総販売量（百万ℓ）	74.5	86.0	87.4	92.1	91.3	92.5	90.1	1.21
１人当たり国産ワイン消費量（ℓ）	8.8	12.1	11.1	13.0	14.3	11.6	11.2	1.27
１人当たり総ワイン消費量（ℓ）	18.5	20.6	20.8	21.1	22.1	20.8	20.8	1.12
国内販売占有率（%）	47.0	58.0	53.0	62.0	68.0	55.0	55.0	1.17

資料：New Zealand Wine growers 資料より作成。

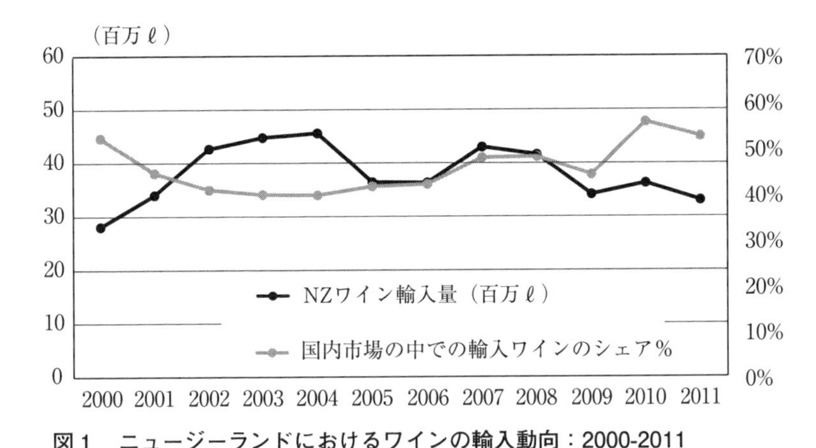

図1　ニュージーランドにおけるワインの輸入動向：2000-2011

資料：USDA Foreign Agricultural Service New Zealand Wine Report 2011。

ワインがどの程度の割合を占めているかであるが、2001年から2004年にかけては輸入ワインの消費割合が国産ワインの消費割合を上回っており、2006年から2007年にも同じような傾向が見られた。ところが2007年以降になると、輸入ワインの消費は大きく減少する傾向にあり、輸入量も減少している（**図1**）。これに対して、2000年代以降、国産ワインの品質が向上したこともあって、国内市場での国産ワインの消費割合が大きく高まっていることがわかる。輸入されているワインの6割以上は赤ワインであり、3割弱が白ワイン、残りの1割弱がスパークリングワインやシャンパンなどである。主な輸入国は、隣国のオーストラリア、フランス、イタリア、南アフリカ、チリ、スペイン、アルゼンチンなどであり、とりわけオーストラリア産の輸入ワインが最も多く、総輸入量の8割を占めている。

3．ワインの海外需要の構造

図2は、ワインの国内販売と輸出の推移を示したものである。前章でも触れたように、ニュージーランドで生産されるワインの8割は海外市場に輸出

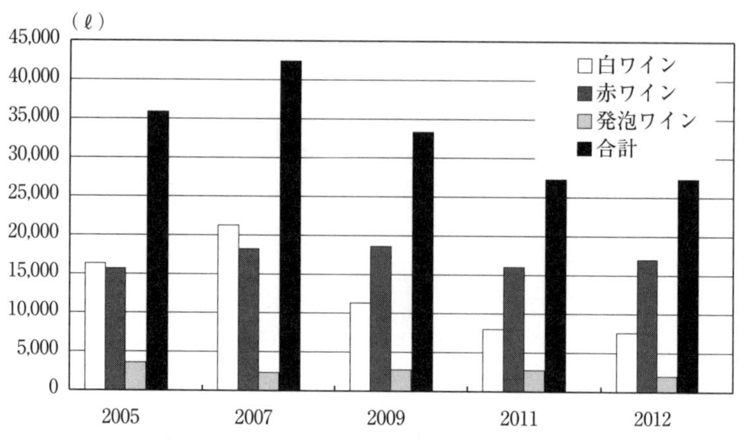

図2　ニュージーランドにおけるタイプ別ワインの輸入量：2005-2012

資料：New Zealand Winegrowers資料より作成。

表2　輸出国別輸出金額：2006-2015

年次	2006	2007	2008	2009	2010
アメリカ	138,411	175,515	159,787	223,666	211,613
オーストラリア	122,441	179,933	246,696	323,312	327,098
イギリス	166,937	227,418	240,730	267,913	298,656
カナダ	21,888	33,870	47,060	49,498	59,141
オランダ	10,017	13,318	12,808	20,831	21,576
中国	1,227	2,124	2,436	6,130	17,165
その他	51,441	66,125	88,280	100,317	105,280

資料：New Zealand Winegrowers 資料より作成。

されており、2割程度が国内市場で販売されている。したがって、ニュージーランドのワイン産業にとってワインの国際市場の需要動向は極めて重要な意味をもつと言ってよい。

つまり、ニュージーランドワインは海外需要と緊密な関係にあり、そしてそれは、ワイン製造企業や輸出企業が海外市場におけるワインの需要動向やマーケティングを誤れば、大量の在庫品をかかえこまなければならなくなることを意味している。このため、ニュージーランドのワイン産業にとっては、製品（ボトルワイン）市場との間で取引されている半製品のバルクワインが

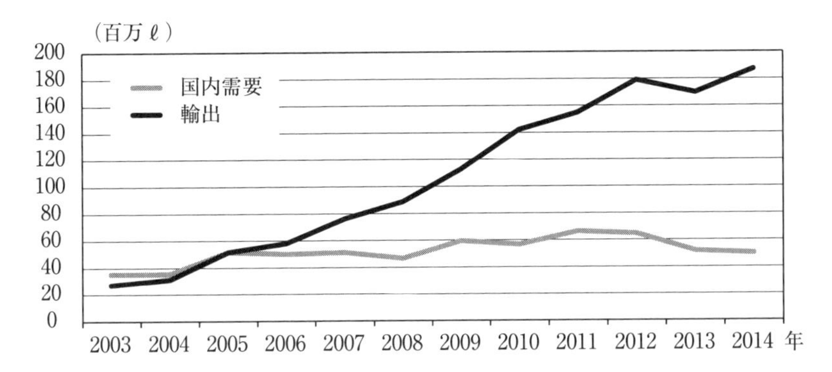

図3　ニュージーランドにおけるワインの国内販売と輸出割合の推移

資料：New Zealand Winegrowers資料より作成。

（単位：NZドル）

2011	2012	2013	2014	2015	15/06
231,922	251,329	283,651	328,049	372,241	2.69
337,740	380,473	373,048	380,851	362,188	2.95
293,631	284,021	278,415	318,611	353,931	2.12
59,180	70,906	78,177	78,941	94,906	4.33
27,369	26,744	26,743	33,383	41,479	4.14
16,872	25,234	26,868	24,803	27,069	22.06
127,259	138,140	143,623	142,394	154,967	3.01

いわばクッションとしての役割を果たしているといえる。こうした国内需要と海外需要との大きな開きは、ニュージーランドではワイン消費の需要予測に対するリスクが相対的に大きく、したがって海外市場への輸出に不可欠な輸出マーケティングに、より大きな資源が割り当てられなければならないことを意味している。

表2は、主要輸出国別の輸出数量と輸出金額を示したものである。2015年度のワインの総輸出量は2百万ℓ、金額にして142万NZドルのワインが世界各地に輸出されており、金額ベースで見ると最も輸出金額の多いのがアメリカへの輸出で37万NZドル、次ぎに多いのがオーストラリアの36万NZドル、

３番目がイギリスの35万NZドル、以下、カナダの９万NZドル、オランダの４万NZドル、中国の２万7千NZドル、シンガポールの２万NZドル、香港、アイルランドの１万7千NZドル、日本、スウェーデンの１万3千NZドル、ドイツの１万NZドル、デンマークの８千NZドル等となっており、20カ国以上の国々に輸出されていることが判る。中でも圧倒的な輸出割合を占めているのが、アメリカ（26%）、オーストラリア（25%）、イギリス（24.8%）の３カ国であり、ニュージーランドから輸出されるワインの実に76%がこの３カ国に輸出されている。

次の**図４**は、ニュージーランドにおいて海外市場へのワインの輸出が急速に増加し始めた2000年代以降について、NZドル相場（対アメリカドル）とワインの輸出額の相互関係を示したものである。NZドルの為替相場は、かなりの上下変動が見られるものの、アメリカドルに対してドル安傾向にあり、2001年の最高値（ドル高）である0.4ドルを境に急速なドル安が進んでおり、この15年間に、0.4ドルから0.8ドルまで大きくドル安が進んだことを示している。こうした為替相場のドル安傾向を背景に、2005年頃からワインの輸出

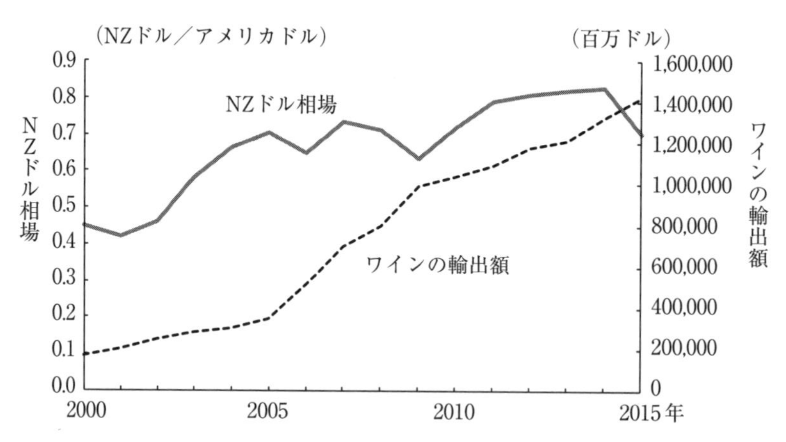

図４　為替レートとワインの輸出額の推移

資料：http://info.finance.yahoo.co.jp/fx/detail/?code=NZDJPY=FX・New Zealand Winegrowers 資料より作成。

額が急拡大しており、それ以降も右肩上がりの成長が続いている。つまり、2003年以降の為替レートのドル安の進展は、ニュージーランドワインの輸出拡大に大きく貢献してきたといえよう。

以下に、執筆時点で入手しうる統計データを用いて主要輸出国に対するワイン輸出の中期的なトレンドを示した。

４．ワインの輸出市場と輸出のトレンド

この節は、ワイン輸出に生じた構造変化とそのトレンドを検討することにある。**図５**は、ニュージーランドワインの主要輸出先であるアメリカ、オーストラリア、イギリス、カナダ、オランダ、そして近年、需要が拡大基調にある中国への輸出トレンドを2003年から2015年までの13年間について計測したものである。いずれの国に対しても、輸出が右肩上がりで増えていることが判る。この場合、曲線からの偏差は需要を推定する際の誤差によるものと

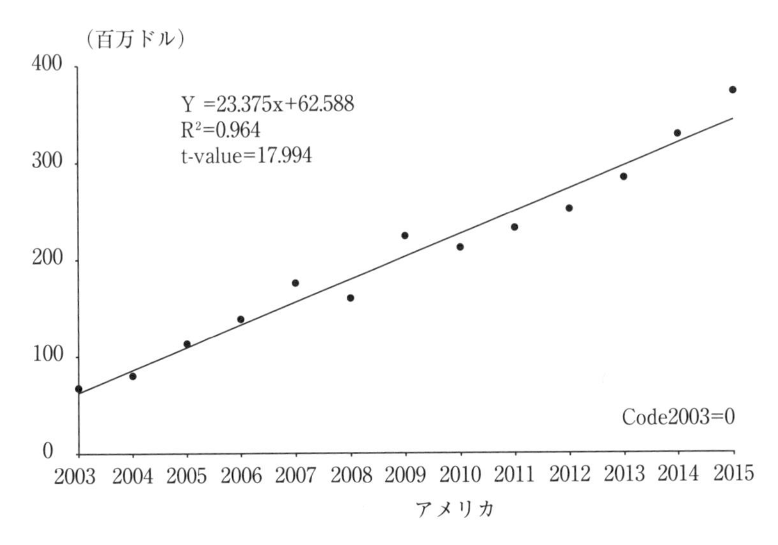

図5-1　主要輸出先国別ワインの輸出トレンド：2003-2015（アメリカ）
資料：New Zealand Winegrowers資料により作成。

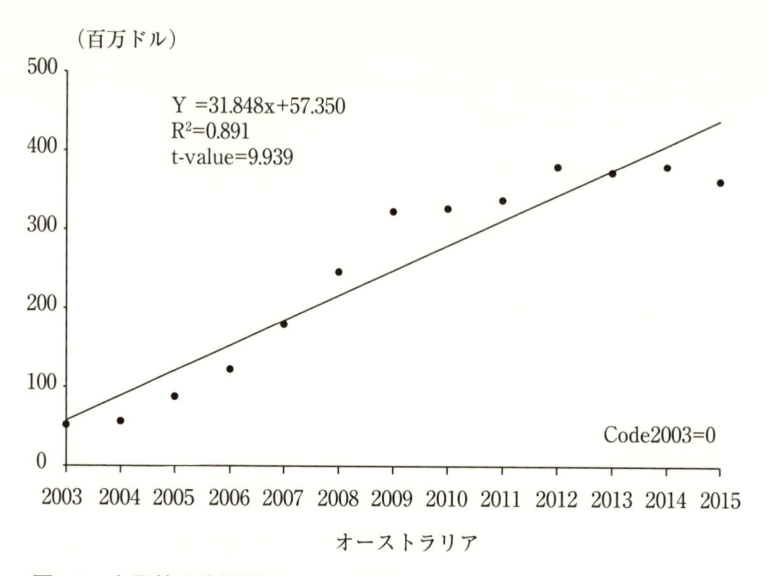

図5-2 主要輸出先国別ワインの輸出トレンド：2003-2015（オーストラリア）

資料：New Zealand Winegrowers 資料により作成。

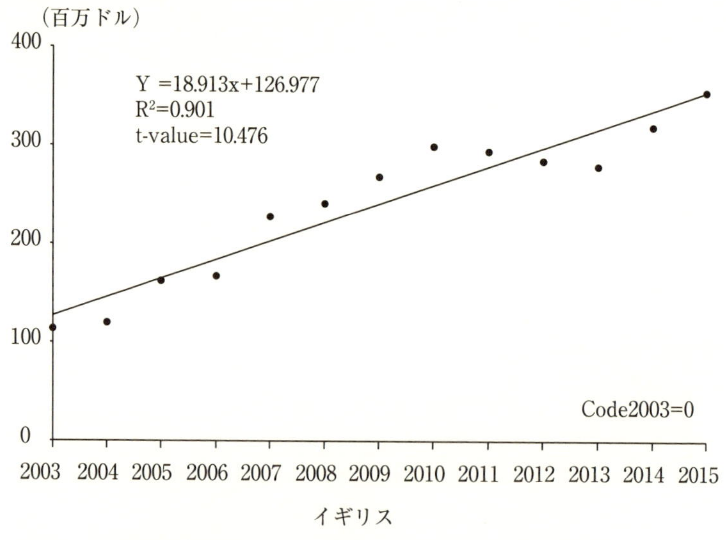

図5-3 主要輸出先国別ワインの輸出トレンド：2003-2015（イギリス）

資料：New Zealand Winegrowers資料により作成。

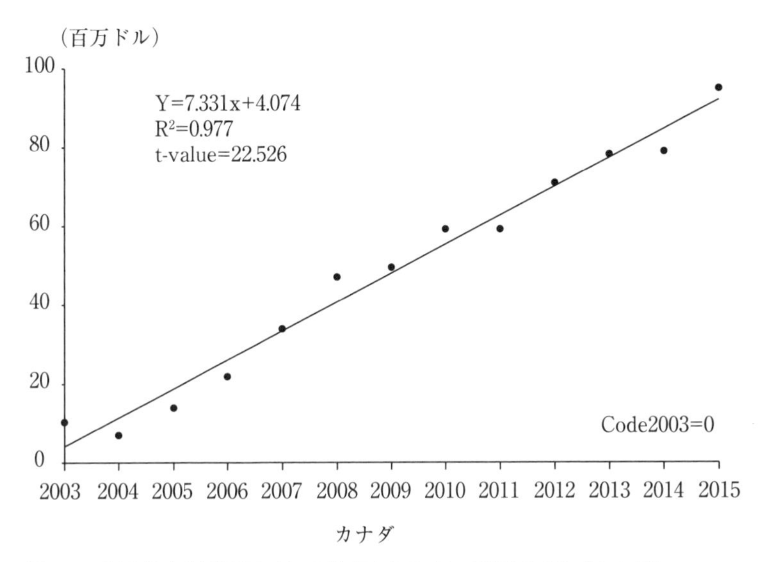

図5-4　主要輸出先国別ワインの輸出トレンド：2003-2015（カナダ）

資料：New Zealand Winegrowers資料により作成。

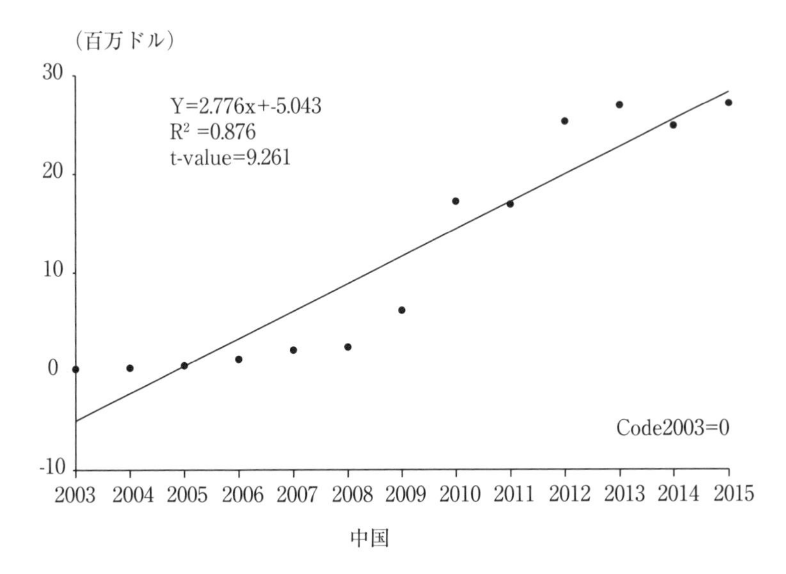

図5-5　主要輸出先国別ワインの輸出トレンド：2003-2015（中国）

資料：New Zealand Winegrowers 資料により作成。

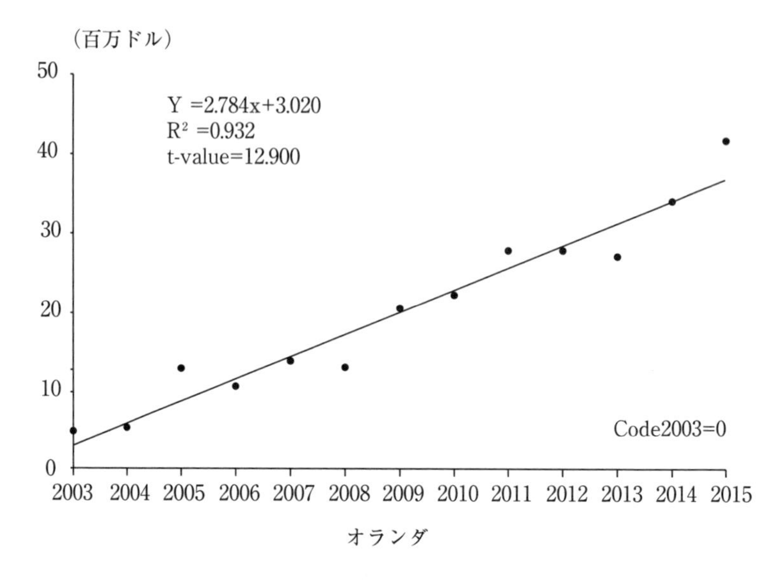

図5-6　主要輸出先国別ワインの輸出トレンド：2003-2015（オランダ）

資料：New Zealand Winegrowers 資料により作成。

みてよいであろう。t値はいずれも有意水準を超えており、各国とも決定係数が0.8以上の高い値であり、有意水準１％で、それぞれのt値も０とは有意差がある計測結果が得られた。国別では、アメリカ、カナダの２カ国においてニュージーランドワインの需要の成長率が高く、輸出の成長率が高いことが判る。これに対して、最大の輸出市場であるオーストラリアへの輸出は減少傾向にあり、嘗てはニュージーランドワインの最大の消費国であった旧宗主国イギリスへの輸出量も伸びてはいるものの、年によって輸出量に変動が見られる。また、近年輸出量が増加しているオランダは、アメリカやオーストラリア、イギリスに比べて輸出額はそれほど大きくないものの、輸出が右肩上がりで増加していることがわかる。さらに、ニュージーランドワインの新興市場として輸出拡大への期待の大きい中国市場は、景気減速などの影響もあってか2011年以降輸出が伸び悩む傾向にある。

以上、ニュージーランドワインの輸出が増加している６カ国を対象に、輸出変化のトレンドを概観したが、ワイン輸出のトレンドを見る１つの理由は、現在現れている傾向および将来起こりうる変化について、一定の手がかり（予測）を掴むことにある。2003年以降2015年までのトレンドで見る限り、ニュージーランドワインの輸出は今後も緩やかなカーブを描きながら増加してゆくものと思われる。ワインの輸出が順調に伸びた背景には、世界的なワインブームとともに、安全性や環境問題に対する市場ニーズの変化、さらには先ほど触れたように、NZドルのドル安傾向といった要因が、ワインの輸出拡大に貢献した点も看過できない。したがって、2015年以降のニュージーランドワインの国際需要がどのように推移するかの予測が重要な課題であるが、ワインの輸出トレンドを予測するには、今後の世界経済の動向とワイン消費国の１人当たり国民所得（GDP）の変化やそれぞれの輸入先国（市場）の景気動向やアルコール飲料の消費動向、為替レートの変化といった要因の影響を加味してシミュレートする必要がある。ここでは、ワイン需要に影響する要因の指摘にとどめ、稿を改めて分析したい。

５．ワイン需要の展望と課題

　前節でも論じたように、ニュージーランドワインの需要は、国内需要が頭打ちの状況にある一方で、海外需要は右肩上がりの成長が続いており、海外市場でのワイン需要の拡大に対して、ニュージーランドのワイン業界は新たな対応の必要を迫られているといえよう。経済学の教科書によれば、ワインの需要の成長率が高く、市場での競争圧力の低い市場では価格の需要弾力性は小さくなる。ところが、このロジックは国際的なワイン市場には適用されにくい。なぜならば、ワイン供給国の数が多く、ワインの輸出量が増え続けている国際市場においてはワイン供給国間の輸出競争が激しく、このため、ワインの価格は弾力的かつ需給に対して敏感であるといえる。とりわけ、チリワイン、オーストラリアワイン、南アフリカワインなどの新世界ワインにおいてこうした傾向が顕著である。世界のワイン市場には、ワイン需要が拡大するのに伴って、多くのワイン生産国、ワイン製造企業が次々に参入した。つまり、ワイン製造企業の規模の経済性障壁、製品差別化障壁、絶対費用障壁、必要資本量障壁は極めて低かったといえる。国によっても異なるが、多くのワイン生産国において、小規模事業者やブドウ生産農家でもワイン市場に自由に参入できるということは、ワイン市場では最低取引単位の細分化が可能であり、参入費用が少なくて済むからである。また、ニュージーランドのワイン生産によく見られる例として、ワイン専門工場への委託生産がおこなわれる場合には、さらに参入費用が少なくて済むことになる。つまり、ワイン生産そのものを専門業者、専門工場に委託することができるのがニュージーランドのワイン産業のひとつの特徴であり、取引単位の細分化が可能であること、規模の経済性が働かなくてもワインを生産できる条件が整っていたことが、ワイン市場への参入を容易にしてきたものと思われる。ところが、ニュージーランドのワイン産業では、2014年頃から大手ワイン製造企業による中小ワイン製造企業の企業買収や吸収合併が相次ぎ、2013年に703社であったワイン製造企業の数は699社に減少している。つまり、ニュージーランドのワイン製造業では今後も企業買収や吸収合併などによる企業再編、業界再編が進展し、企業数はさらに減少する可能性がある。その結果、ワイン生産は規模の経済性を利用する少数の大規模ワイン製造企業と多品種少量生産を基本に個性的なワインを生産する小規模ワイン製造企業に二極化していく可能性が高いといえよう。

一方、ワインの取引に関しては、国内市場規模の小さなニュージーランドは諸外国とりわけ旧宗主国であるイギリス、さらに隣国オーストラリアやアメリカとの間で密接な経済関係を築いてきた。この交易関係はますます緊密度を強めているといえるが、隣国オーストラリアの需要が減少傾向にあることや、従来、ニュージーランドワインの需要がそれほど多くなかったカナダやオランダ、アジア新興国において新たなワイン需要が生まれつつあるなど、ニュージーランドワインの需要国の間でもワインの消費に変化が起きていることが窺える。ニュージーランドワインを取り巻く市場環境の急速な変化は、ニュージーランドのワイン生産とワイン産業に、当然のことながら大きな影響を及ぼす可能性がある。ワイン需要の国際的連関は、ニュージーランドのワイン生産が需要国のワイン市場或いは他のワイン生産国のワインの生産や消費に影響を及ぼすと同時に、輸出先国におけるワインの消費や貿易政策の影響を受けざるを得ないことを意味している。以上の諸事実を考え合わせると、ニュージーランドのワイン産業はこれまで以上に重大な国際的チャレンジを必要としていると言わざるを得ない。グローバル化の進展やTPP（環太平洋パートナーシップ協定）の新たな枠組み合意によってワインの国際市場も今後大きく変化する可能性がある。とりわけ巨大人口を有し、消費需要が拡大しているアジア新興国市場でのワイン市場の開拓、ワイン需要の動向がニュージーランドワインの輸出を左右するひとつの鍵になるものと思われる。

本章では、ニュージーランドワインの需要構造に関して、利用可能なデータを利用して実証的な分析を試みた。このような作業の積み重ねがニュージーランドのワイン産業、ワイン経済を理論的に整理するための基礎として不可欠と考えるからである。最後に、このような国内外のワイン市場の動向を注意深く観察することと、それを経済の理論的枠組みでどのように整理するかが重要な課題であり、今後、これらの点に関しても研究の追加が必要である。

第6章

政府主導によるワイン・クラスターの形成
―マールボロ地区の事例分析―

1．はじめに

嘗てニュージーランド政府は競争戦略論で有名なハーバード大学のポーター教授をニュージーランドに招聘して国家産業クラスターの形成を依頼した経緯があり、「競争戦略論Ⅱ（日本語訳）」の中にもニュージーランドのワイン・クラスターに関する記述が見られる。ポーター教授によってニュージーランドにおけるワイン・クラスターの存在が明らかとなったが、ワイン・クラスターの具体的内容については検討されていない。そこで本章では、ニュージーランド最大のワイン産地であるマールボロ地区に焦点をあてて、ワイン・クラスター形成の経緯、形成要因、クラスターの構造的特徴、関連産業と大学、政府組織などの関連組織や観光クラスターとの相互関係とこれらの関連組織との密接な連携協力によって生み出されるシナジー効果について検討した。

2000年代以降に急速な発展を遂げたマールボロのワイン産業はワイン・クラスターの形成と密接に関わっており、568のブドウ生産農家と168のワイナリーは、地域内に集積しているワイン関連産業、大学等の教育研究機関、関連産業、研究教育機関、政府組織などの支援組織との連携協力関係によって達成された可能性が高い。マールボロのワイン・クラスターはワイン製造企業の生産性向上やイノベーション（註１）によって大きな経済効果を生み出しており、ワインの国内生産量のおよそ５割、総輸出量の８割を占めるなどニュージーランドのワイン生産において圧倒的な比重を占めるようになっている。本研究では、マールボロのワイン・クラスターがどのような経緯と要因によって形成されたのか、ワイン・クラスター形成の基礎的条件とワイン・クラスターの構造的特徴を明らかにし、168のワイン製造企業と関連産業、支援組織がどのような形で連携協力し合っているのか、政府機関のワイン・クラスターへの関与も含めて、これらの関連組織間の関係性に注目して、マールボロが具備しているテロワール（terrior）（註２）という自然条件に加えて、ワイン・クラスターの形成がマールボロのワイン産業の発展に重要な役割を果たしたという仮説をもとに、ワイン・クラスターの形成過程と課題解明を目的に研究を実施した。

２．先行研究と研究方法

ポーター教授によって提示されたクラスターという概念は、国家・州・地域の競争力をグローバル経済の文脈で捉える理論として、関連産業、関連諸機関を含む横断的な産業概念として知られている。クラスターは、「ある特定の産業分野に属し、相互に関連した企業と機関からなる地理的に近接した集団であり、共通の技術や技能を有し競争しつつ協力関係にある集団」と定義されている。産業クラスターは、①地域独自の資源や需要の存在、②地域内に集積した関連支援産業などの基礎的要因によって形成され、①学習効果、②イノベーション競争、③プラットフォームとしての役割が産業クラスターを発展させることや、①生産性の向上、②イノベーションの促進、③新規事業の創出によって特定産業の競争力の強化に大きな影響を与えるといわれている。さらにポーター教授は、競争とは静態的なものではなくダイナミックに展開するものであり、それぞれの産業の立地が生産性の向上に影響を与えることによって競争優位を大きく左右することや、クラスターが輸出を増やし外資を誘致する原動力になることを明らかにしている。

近年、日本でも朽木（2013年）、山崎（2005年）、原田（2009年）、斎藤（2012年）、陳・下渡（2012年）らによる産業クラスターに関する研究成果が公表されているが、山崎はカリフォルニアのワイン産業、ポルトガルの家具産業、デンマークの医薬品産業などの産業競争力分析から導き出された産業クラスターの特質と産業・企業の競争力関係という視角は、あらゆる産業に適応可能な概念であること、原田は地域の産業集積の分業関係やコミュニティの違いによってクラスターの捉え方や活用方法が異なること、また、朽木はクラスター分析に「シークエンス経済」と「生物の器官形成プロセス」という新たな概念と分析手法を導入して沖縄の「農･食文化クラスター」やシンガポールの観光クラスターの発展過程を検証し、シークエンス経済の存在を明らかにしている。齋藤は、「紀州南高梅」がクラスターの形成によって販路拡大や雇用創出の面で顕著な成果をあげていること、さらに「食」の産業クラスターの可能性を示唆した中野の研究や中国の龍井茶の産業クラスターを考察した陳・下渡などの研究成果がみられる。

ワイン・クラスターの研究では、長村（2014）、影山･徳永･阿久根（2006）、原田（2009）、木村（2013）などによる研究成果が公表されているが、影山らは、わが国最大のワイン産地である山梨県勝沼地域を研究対象に、ワイン製造企業と原料生産農家とのネットワーク形成とワイン製造企業の地域内連携に焦点をあててワイン・クラスターを分析しており、長村は、後志･上川･空知の３つのワイン産地とワイン製造企業の実態調査をもとに初期段階にある北海道のワイン・クラスターの形成プロセスにおいて、血縁・地縁、業界団体、中核企業の戦略が重要な役割を果たしたことを明らかにしている。一方、海外のワイン・クラスターの研究に関しては、クラスター理論を導き出すきっかけのひとつになったカリフォルニアのワイン・クラスターを分析したポーター教授の研究（2008）が知られており、ワイン・クラスター成立の歴史的経緯、ワインのサプライチェーンと海外の主要産地との競争に関する考察がおこなわれている。ポーターらのグループは、南オーストラリアのワイン･クラスターに関する研究（2010）も実施しており、ワイン･クラスターのダイヤモンド・モデルとテロアールなどの環境要因、競争戦略、支援産業との関係、需要条件、さらには原料ブドウの過剰生産や気候変動の影響について分析し、南オーストラリアのワイン・クラスターが直面している課題と対応方向を明らかにしている。さらに小規模ワイナリーの緊密な協働関係を軸にしたイタリアのワイン・クラスターの展開を分析したMorrison, Rabelloti（2009)、同じく、イタリアのワイン・クラスターの競争優位をワイン関連産業のリンケージと組織間関係に焦点をあてて分析した木村純子の研究（2013年）、輸出を軸にしたチリのワイン・クラスターを分析したGiulianiらの研究(2008)やアイスワインで有名なカナダのワイン・クラスターを分析したDonaldなどの研究（2009）が見られる。

以上の研究成果を踏まえながら、本研究では、ポーターのクラスター理論を援用しながらマールボロで入植者によってブドウの栽培が開始されてから(第1段階)、ワイン用の原料ブドウ生産とワイン製造業の集積（第2段階)、原料ブドウ生産とワイン醸造におけるイノベーションの進展（第3段階)、プレミアムワイン生産への転換（第4段階)、国際競争力の強化に取り組んでいる輸出拡大期（第5段階）という順序を追って考察することにする。

3．マールボロにおけるワイン関連産業の集積とワイン・クラスターの形成

1）ニュージーランドのワイン産業とダイヤモンド・モデル

一国の産業クラスターという観点から、ニュージーランドのワイン・クラスターを眺めてみると、2000年代以前の1980年代から1990年代は、全国各地のワイン産地に代々継承されてきた家業としてのブドウ生産とワイン醸造が大まかに成立していたといってよい。ワイン醸造所の数が2000年代のはじめまで概ね300前後で安定的に推移してきた理由はそこにある。ところが、2000年代以降になって急速にワイン製造企業の数が増加した。ワイン製造企業数はピークとなる2013年まで一貫して増え続けることとなり、こうしたワイン製造企業数の増加を背景にした原料ブドウ生産とワイン生産量の増加がポーター教授がニュージーランドにおいてワイン・クラスターの成立を確認

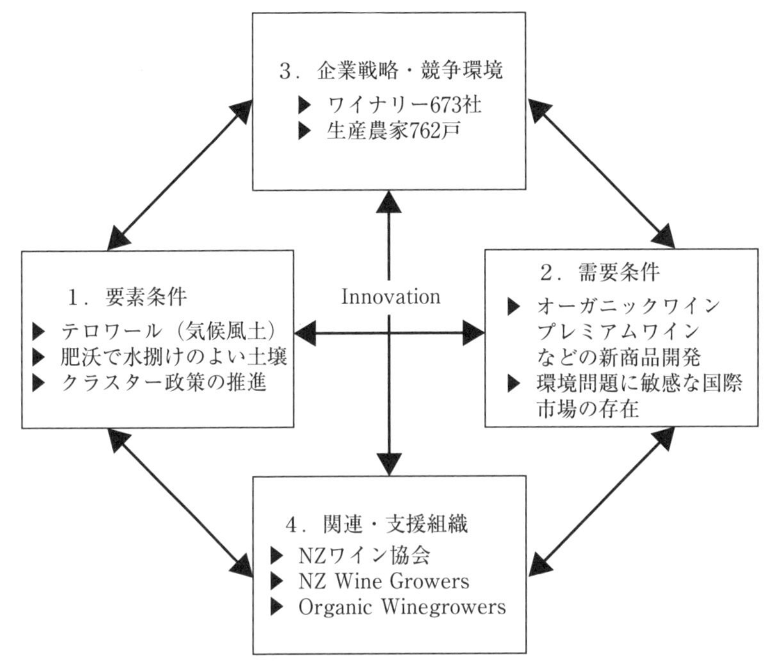

図1　ニュージーランドにおけるワイン産業のダイヤモンド・モデル

資料：Porter（1999）訳書83頁に基づいて筆者作成。

するに至った理由であると思われる。

図1は、ニュージーランドワイン産業のダイヤモンド・モデルを示したものである。2015年現在、ニュージーランドには10のワイン産地に699社のワイン製造企業と762戸の原料ブドウの生産農家が立地しているが、まずワイン・クラスターの形成を可能にした第1の要素条件としては、テロワール（Terroir）と呼ばれるニュージーランド特有の気候風土と土壌条件が挙げられる。ブドウ栽培とワインの醸造に最適な気候風土、立地条件がニュージーランドのワイン産業の競争力の源泉になっているといってよい。第2の需要条件は、フランス、イタリア、スペインといった旧世界ワインはもとより、アメリカ、チリ、アルゼンチン、オーストラリア、南アフリカなどの新世界

ワインに比べて規模が小さく、多品種少量生産を基本とするニュージーランドのワイン生産は、国際市場での競争優位を確立するためにオーガニック・ワインなどの高価格帯のプレミアム・ワインの生産に特化した新商品開発に取り組んでおり、持続可能なワイン生産が環境問題に敏感な消費者の支持を得ていることである。第３の企業戦略と競争環境に関しては、2000年代に入って急速に増加したワイン製造企業数が2012年をピークに減少に転じており、2012年以降、企業の経営戦略と競争条件に変化が現れ始めている。

その理由としては、ニュージーランドに進出している外資系ワイン製造企業Constellation Wine（CWUS）がニュージーランド資本のワイン製造企業７社を買収（吸収合併）したことによってワイン製造業の再編が進展し、2012年に703社だった企業数は2013年699社に減少したことが挙げられる。つまりそれは、長期間にわたって均衡が保たれていたニュージーランドのワイン製造業においても、競争力のある企業が競争力に欠けた企業を吸収合併するという優勝劣敗の法則が働き始めたことを意味しており、規模の経済を利用した大手ワイン製造企業の生産性向上によるコストパフォーマンスの改善がマールボロのワイン産業の発展に繋がったといえよう。

第４に、関連・支援産業の存在がある。ニュージーランドにはワイン産業を支援しているNew Zealand Winegrowers（NZWG）、New Zealand Trade Enterprise（NZTE）の政府機関のほかに、下流産業に属する237のワイン卸売業者、823のスーパーマーケット、49のWare House、459の酒販店、2,776のレストラン、2,228のホテル、1,852のワインバー、14のワイン仲買人、107のワインの輸出入業者がワインの流通や輸出事業を担っており、さらに農業クラスターや観光クラスターなどを含めた多様な関連産業・支援組織がワイン製造業、ブドウ生産農家の周りに集積し、これらの関連・支援産業の連携協力関係と相互作用がワイン産業の発展に重要な役割を果たしているといってよい。しかしながら、ニュージーランドのワイン製造企業は北島と南島の10の産地に分散して立地しており、最も北のワイン産地であるノースランドと最も南の産地であるセントラル・オタゴは1,600kmの距離を隔てて立地している。10のワイン産地は、それぞれにワイン製造企業数や企業規模、生産されているワインの種類も異なっていることから、本研究ではニュージーランド最大のワイン産地であるマールボロに焦点を絞ってワイン・クラスター形成の経緯と展開について検討することにした。

2）マールボロ（註3）の地域特性とワイン関連産業の集積

ニュージーランドの南島に位置するマールボロは西岸海洋性気候に属し、年間平均気温が約10度で降雨量が少なく、ブドウ栽培に最適な自然条件が整っている。周囲を小高い丘陵に囲まれたマールボロは、近くを流れる河川に沈殿した粘土が堆積して沖積層を形成しており、砂利が多く砂粒がほどよく混じった土壌は水捌けがよく、高品質なブドウ栽培に最適な自然環境が備わっている。さらに冷涼且つ温和な気候と強い日差しによって日格差の大きな気候はブドウ栽培に適しており、フルーティな味と風味を兼ね備えたマールボロのワイン用ブドウは世界のどのワイン産地に比べても希に見る優れたブドウを生産することで知られている。

マールボロにおけるワイン生産の歴史を遡ってみると、1873年にこの地に入植した最初の開拓者ScottishとDavid Herdが農園の一角に小規模なブドウ園を拓いたのが始まりだと言われている。今からおよそ140年前にワインの醸造を目的としたブドウの栽培がマールボロで開始されたのである（第1段階）。David Herdは1905年に亡くなるまでこの地でブラウンマスカットを作り続けた。彼が亡くなった後、ブドウ栽培を引き継いだ長男は、ソーヴィニヨン・ブラン、ピノ・ノワール、シャルドネと少量のリースリングとピノグリを栽培し続けた。そして現在でも、この地に最初にブドウ栽培を持ち込んだDavid Herdを偲んで、Muscat vinesの栽培を続けている小規模なブドウ生産農家が残っている。今ではニュージーランドのナショナル・フラッグのひとつになったソーヴィニヨン・ブランの一大生産地に発展したマールボロは、ニュージーランドを代表するワインの産地として国際的規模でのワイン生産を目指しているが、数10年前までのマールボロは小規模なワイン製造企業が大部分を占める多様性に富んだワインの一産地に過ぎなかった。その後、北島でワイナリーを経営する大手ワイン製造企業Montana社の経営者Frank Yukichが北島のワイン原料用ブドウ園の地価が高騰したことや、それまで、ニュージーランドのワイン生産で大きな割合を占めていたバルクワインの生産から本格的な輸出用ワインの生産に転換すべく、その候補地となる原料ブドウ生産の適地を同社のブドウ栽培責任者に探させていたところ、マールボロが最もブドウ生産の適地であることが判明した。その後、Montana社はCloudy Bayの不動産会社の仲介によって広大な農地を取得し、マールボロにワイン工場を建設することになるが、それに先だってブドウ栽培技術の権威者であるカリフォルニア大学デービス校のHarold Berg教授にブドウの産地としてのマールボロの可能性について意見を求めている。Berg教授は他の二人の専門家と共に、マールボロがニュージーランドの中で最もブドウ栽培に適した土地であるという報告書を纏めて提出した。その理由として、①ブドウ栽培に適した最高の日差し、②最低水準の雨量、とりわけ収穫期にほとんど雨が降らないこと、③肥沃でなおかつ水捌けのよい土壌、④年間を通じて氷結しない温暖な気候、の４つをあげている。この報告書を踏まえて、Montana社は1,173haの原料ブドウ栽培用の農地を343万ドルで購入し、本格的なワイン生産に着手した。Montana社のマールボロへの進出は、小規模ワイン製造企業が大部分を占めていたマールボロのワイン生産に大きなインパクトを与え、さらにフランスのCloudy Bay社などの大手ワイン製造企業のマールボロ進出の呼び水となってワイン・クラスター形成の第２段階にあたるワイン製造企業の集積をもたらすことになったのである（**図２**）。

ワイン製造企業の集積は、ワインの製造に欠かせない容器やスクリューキャップなど包装資材の供給業者や瓶詰業者、ワインの流通を担う卸・小売業者などの下流産業の進出を促し、原料ブドウ生産やワイン醸造を担う人材育成を目的とした研究機関や訓練機関、さらにはワイン産業を支援するWine Marlboroughなどの政府機関の開設に繋がり、ワイン・クラスター形成の第３段階にあたる「ブドウ栽培とワイン醸造のイノベーション」が進展

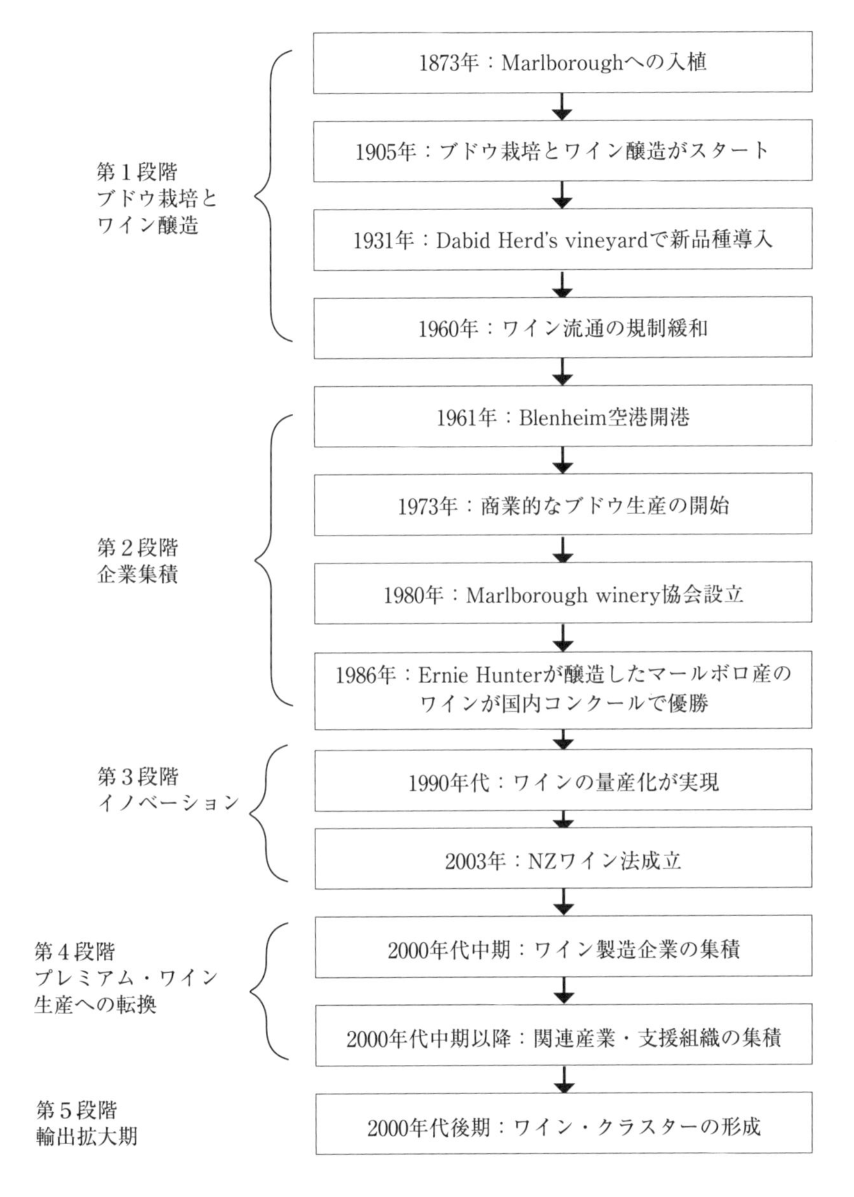

図2　マールボロにおけるワイン・クラスターの形成過程

資料：New Zealand Winegrowers、Marlborough Winegrowers資料より筆者作成

したのである。マールボロは観光クラスターとの連携によるワインツーリズムなどによる観光客の誘致とともに、競争が激化している国際市場での競争力強化のためのプレミアム・ワイン生産と持続可能な原料ブドウの生産への転換をすすめ（第４段階)、現在、国際競争力の強化による輸出拡大に取り組んでいる（第５段階)。ワイン・クラスターの形成によってマールボロはニュージーランドのワイン生産の７割、輸出の８割を占める一大産地に発展している。以下では、マールボロにおけるワイン・クラスターに関する大まかなスケッチを試みることにする。

4．ワイン・クラスターの展開と関連産業・支援組織とのリンケージ

1）要素条件

マールボロは人口44,800人、１次産業として肉牛や羊などの牧畜を主とした農業、サーモンとマスール（ムール貝）を主体にした漁業、パイン（松の木）を主体にした林業の農林水産業によって、年間3,700万ドルの農林水産物が生産されている。第２次産業にはワイン製造業を中心としたワイン関連産業など（同27.2%）があり、生産額は年間7,100万ドル（総生産額の9.9%）に達している。第３次産業にはワインの流通を担っている卸・小売業（同

表１　マールボロにおけるワイン産業の規模

年度	ぶどう生産農家数	製造企業数	ブドウ栽培面積（ha）	ワイン生産量（トン）
2006	420	106	11,486	113,436
2007	530	104	13,187	120,888
2008	524	109	15,915	194,639
2009	568	130	18,401	192,128
2010	544	137	19,295	182,658
2011	551	142	19,024	244,893
2012	548	148	22,956	188,649
2013	581	152	22,819	251,630
2014	568	168	23,203	329,572

資料： Wine Growers Marlborough でのヒアリング調査結果に基づいて作成。

6.9%）のほかに、ホテル、レストランなどのフードサービス産業やワインツーリズムなどの観光業、ヘルスケアなどの健康産業、不動産業、社会支援産業、その他の産業が立地しており、年間生産額は37,200万ドルに達している。

表1に示すように、2014年現在、マールボロには568のブドウ栽培農家と168社のワイン製造企業が立地しており、ニュージーランド最大のワイン産地が形成されている。地域内の原料ブドウの栽培面積は23,203ha、ワインの生産量は329,572トンに達しており、製造企業数では国内の24%を占めるに過ぎないが、ワインの生産量では総生産量の75%を占めるなど圧倒的な優位性を確立している。

マールボロにおけるワイン・クラスターの全容を示したのが**図3**である。マールボロのワイン・クラスターを形成する要素条件としては、先ず第1に、ワイン生産にとって最も重要な要件の1つである原料ブドウの生産に適した気候風土、土壌条件が備わっていることがあげられる。前述のように、マー

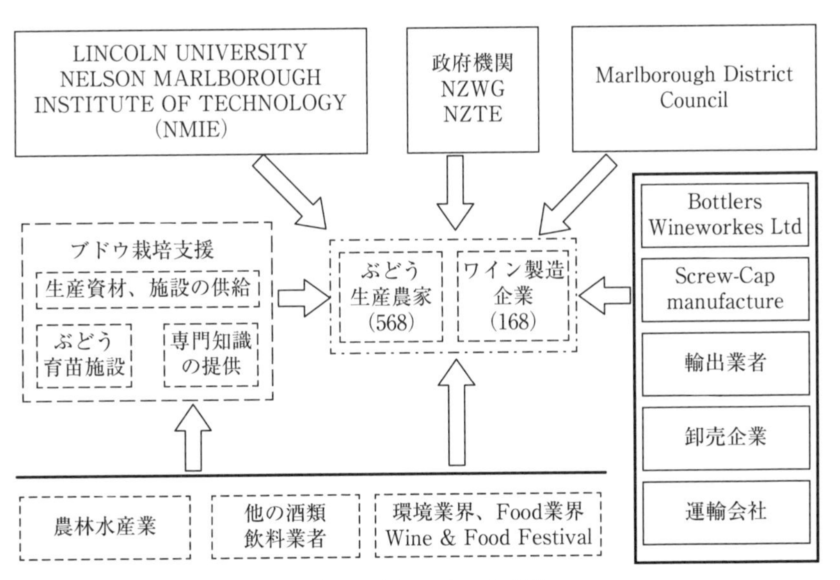

図3　マールボロにおけるワイン・クラスターの構造

資料：筆者作成

ルボロという地域は世界のどのワイン産地に比べても遜色のない地域特有の気候風土と土壌条件が備わっており、第2の要素条件である需要面でも多品種少量生産を基本とするマールボロのワイン生産は環境問題に敏感な国際市場のワイン需要に適合的であり、またマールボロで毎年開催されているWine & Food Festivalなどの15のフェスティバルやWine Marlboroughが主催しているNZ Sauvignon Blanc Conference、Regional Tastings、International visitor programなどのイベントも年間10万人以上を集客しワイン需要の喚起に繋がっている。

第3の要素条件としては、ワイン・クラスターの中核的役割を担う168のワイナリーと568のブドウ生産農家を取り囲むように集積している肥料、農薬、ブドウ収穫設備を含む農機具などの生産資材や生産施設の供給業者、ブドウの育苗施設、ワイン醸造やワイン流通に関する専門知識を提供しているコンサルタント、瓶詰専門工場、ワイン醸造の専門工場などの補完製品メーカー、キャップ及びコルクなどの包装資材の供給業者、ラベルの販売会社、下流産業に属するワインの輸出会社や卸・小売業者、運輸会社などが立地しており、またクライスト・チャーチのLincoln大学には醸造学科や園芸学科が、隣接したネルソンにはNelson Marlborough Institute of Technology（NMIE）といった研究教育機関が立地している。さらに、政府機関であるNew Zealand Winegrowers、New Zealand Trade Enterprise（NZTE）や地域の行政機関であるMarlborough District Councilがワイン製造企業およびワイン関連産業の支援機関として重要な役割を果たしている。

2）関連産業・支援組織

以下では、マールボロのワイン・クラスターによってもたらされる競争優位の要因について検討する。ポーターは、クラスターが競争優位を獲得する要因として「情報の自由な流れ、付加価値をもたらす交換や取引の発見、組織間で調整したり協力を求める意志、改善に対する強いモチベーション」などを挙げており、「ワイン・クラスターがこれらの要因に大きく左右されることや、これらの要因を支えるのは関係性であり、ネットワークであり、共通の利害という意識である。したがって、クラスターの社会構造は大切な意味を持っている」と述べているが、「ただ単に企業が地理的に集積しているだけでは、クラスターの優位性は生まれないのであり、「経済活動」は継続的な社会関係の中に埋め込まれている」とも述べている。

さらに「クラスターに属することによって生じる企業の一体感やコミュニティ感覚、交流の繰り返しや地域・都市の相互依存を通じて生まれた信頼関係や組織相互の浸透によるメリットがクラスター内部の潤滑油となり、生産性を高め、イノベーションを加速し、新規事業の形成をもたらすことになる。クラスターはある地理的な範囲内で生じるネットワークのひとつの形態であり、ある種の共通性が確保され、互いの交流の頻度や影響力が増してゆくことによって単なる階層的なネットワークを超えた個人、企業、各種機関の間の無数に重なり合う結びつきの格子となり、それが関連産業にまで拡大する」とも述べている。

そしてこれらのネットワーク形成の促進に、業界団体が重要な役割を担うことになるが、マールボロの場合には、ワイン製造企業間の連携と相互扶助、ワインの品質及び醸造技術の向上とワイン産業の振興を目的に1980年に設立された業界団体マールボロワイン協会（後に、Wine Marlboroughに統合された）がワイン製造企業と関連産業、支援組織との連携協力関係を円滑に遂行するうえで重要な役割を果たしてきた。ワイン協会には168社のワイン製造企業が加盟しており、その運営資金は政府機関であるNew Zealand Winegrowersからの助成金と企業の寄付金によって賄われている（**表2**）。

マールボロのワイン・クラスターの形成に最も重要な役割を果たしてきたのが政府機関であるNew Zealand Winegrowersの支部組織にあたるWine Marlboroughである。Wine Marlboroughは原料ブドウの生産農家の代表である5名の理事とワイン製造企業の代表である6名の理事によって運営されているが、会員は3年毎に契約更新が必要である。Marlborough Research Center内に設置されたWine Marlboroughの事務所には事務局長を含めた6

表２　マールボロにおけるワイン業界団体の役割

	マールボロ・ワイナリー協会
設立年度	1980年
加盟企業数	168社
設立目的	(1) 製造企業間の連携と相互扶助業界の発展
	(2) ワインの品質及び醸造技術の向上ならびにワイン産業の振興
運営資金	会費：なし、New Zealand winegrowersが補助、その他寄付金
構成主体	ワイン製造企業

資料：Wine Marlboroughでのヒアリング調結果に基づいて作成。

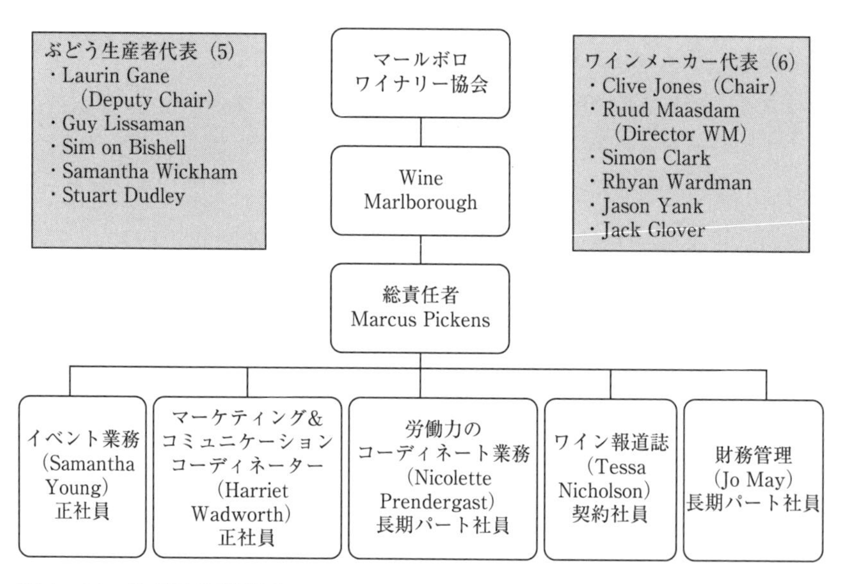

図４　マールボロの組織図

資料：Marlborough Winegrowersでのヒアリング調査結果に基づいて作成

名の職員が常駐し、各種イベント部門、マーケティング・販売部門、雇用担当部門、機関誌担当部門、財務部門の５つの部門の業務を分担している（**図４**）。

Wine Marlboroughの主な活動内容としては、毎年マールボロで開催されている最大のイベントであるThe Marlborough Wine & Food Festival

表3　マールボロにおけるワイン・フェスティバルの経済効果

項目	価値
入込訪問者数	2,830 人
期間内の宿泊数	7,510 人
輸出増加額	$1,326,000
イベント収入	$60,000
ワインツーリズムにおける収入	$1,314,000
地域内の GDP への寄与額	$796,000
新規投資額	$248,000
投資増加額	321%
顧客満足度（最高5以内）	4.61

資料：Marlborough District Council 提供資料より作成。

(MWFF) や若手のワインメーカーを対象に開催しているThe Young Viticulturist、NZ Sauvignon Blanc Conference、Sauvignon Blanc Yacht Race and Consumer wine celebration、Regional Tasting及びワインのマーケティングや原料ブドウの価格変動の調整やブドウの収穫作業に必要な労働力の確保、各種セミナーや会議などの開催によって会員に対してより高度な専門知識や情報の提供、国内外のワイン市場に対する広報活動などの広範な活動をおこなっており、Wine Marlboroughが主催或いはコーディネーターとしての役割を担っているイベントは大小15に及んでいる。**表3**は、Marlborough Wine & Food Festival（1日間）の経済効果を整理したものである。MWFFの訪問客数は日帰り客2,830人、宿泊客7,510人、期間中のワイン販売の契約金額は1,326,000ドル、イベント収入60,000ドル、ワインツーリズムなどの観光収入1,314,000ドル、248,000ドルの新規投資の流入などによってマールボロに796,000ドルの生産額（GDP）の増加をもたらしている。さらにマールボロの行政機関であるMarlborough District Councilもワイン・クラスターの支援機関として重要な役割を果たしている。

Marlborough District Councilの最大の役割はブドウ生産農家とワイン製造企業が使用する大量の水のコントロールであり、過剰な水使用が発生しないように絶えず指導と監視活動を実施している。さらにブドウの搾り粕の再利用やブドウの収穫作業時に必要な労働力を確保するための支援活動、各種イベントに対する側面的な支援活動によってワイン産業を強力に支援している。また醸造学や園芸学の教育・研究機関であるクライスト・チャーチのLincoln大学ではブドウの接木、病虫害の防除、防疫、品種改良、試験栽培、醸造技術の改良、人材育成といった多くの面でマールボロはもとよりニュージーランドのワイン産業を支えており、100人を超えるLincoln大学の卒業生がNew Zealand Winegrowersやワイン製造企業、ワイン関連産業に従事している。Lincoln大学で特筆すべき点は、1980年にヨーロッパからフィロセキラ（Phylloxera）がニュージーランドに侵入し、セントラル・オタゴのブドウの木が全滅し、さらに北上したフィロセキラによってニュージーランドのブドウ栽培が危機的な状態に陥った際に、アメリカから耐病性に優れた台木を輸入してフィロセキラの拡延を防止するなど防疫面で重要な役割を果たしていることである。さらにマールボロに隣接したネルソンにはワインの醸造技術者の育成・訓練を目的とした専門学校Nelson Marlborough Institute of Technologyが設立されており、マールボロのワイン産業に多くの人材を送り出している。

マールボロのワイン産業はLincoln大学、NMITと有機的に連携しており、これらの研究教育機関との連携協力関係が、高品質の原料ブドウの生産やワイン醸造の両面でワイン産業のイノベーションの創出や専門的知識の提供によってワイン産業の競争力向上に大きく貢献していることも重要な要因のひとつであるといってよい。

マールボロのワイン・クラスターを構成する企業、関連産業は多岐に亘っているが、ここでは2008年にマールボロにワインの瓶詰専門工場として設立されたWine Worksの役割と機能について触れておきたい。Wine Worksは1997年に北島のホークス・ベイに家族経営の瓶詰専門工場として設立された企業である。従業員165名、2003年にマールボロに進出してMarlborough Bottle Companyという子会社を設立し、2008年に現在の社名となるWine Works Marlboroughに社名変更している。Wine Worksは、マールボロのほ

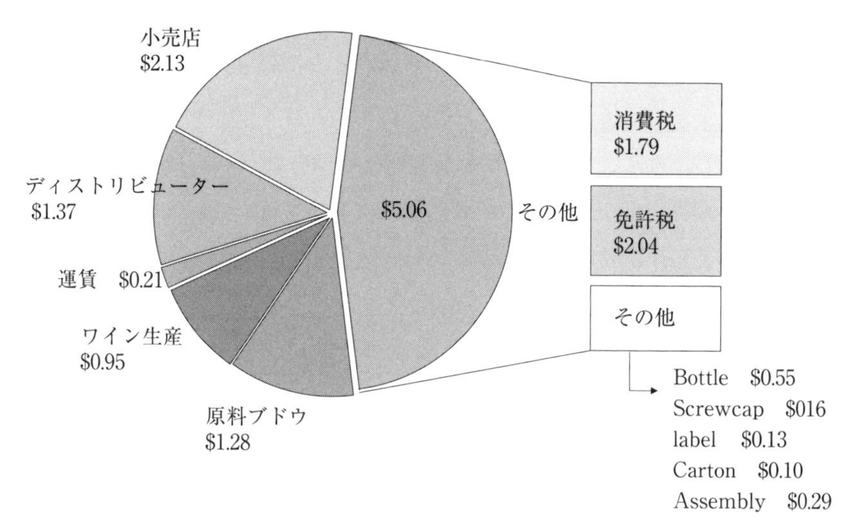

図５　ボトル（750mℓ）あたりの製造コスト

資料：Wine Works Marlboroughでのヒアリング調査結果に基づいて作成

かにもホークス・ベイとオークランドに３つの会社を経営している。Wine Works Marlboroughは年間3,500万ケースのワインの瓶詰作業のほかに、ワインの受託醸造、ワインの製造設備や貯蔵保管（倉庫）設備などをワイン製造企業に提供するなど、ワインの醸造からボトリング、梱包、出荷作業に至るすべての作業を請負っており、瓶詰作業から包装（梱包）作業までを含めた１ケース当たりの費用は11.95ドル、ブドウ生産農家や生産設備を持たないワイナリーや流通企業であってもワインを委託醸造することが可能であり、こうしたワイン専門工場の機能をもったWine Worksの存在によって製造設備を持たないブドウ生産農家や零細なワイン製造企業であってもワインの生産が可能であり、また大規模ワイン製造企業の場合には瓶詰作業、包装作業をWine Worksに委託することによってコスト削減や生産性の向上を図ることが可能になっている（**図５**）。

Wine worksがマールボロに進出した2000年代初頭は国際市場でのワイン需要の拡大を背景に、マールボロでワイン製造企業数が急速に増加していった時期であり、それに伴って、Wine Worksの事業規模と経営業績も急拡大していった。Wine Worksに見るように、ワイン・クラスターを構成している関連産業・支援組織との連携協力関係がクラスター参加者間の事業活動の補完性を促し、ワイン製造企業の経営戦略と企業行動がワイン産地全体の品質向上や生産性の向上に繋がり、政府機関であるWine Marlboroughによる強力な指導と支援活動がより一層マールボロのワイン産業の競争力の向上をもたらし、マールボロを名実共にニュージーランド最大のワイン産地に発展させた要因であるといってよい。

5．ワイン・クラスター形成の誘因とプロダクト・イノベーションの進展

クラスター理論では、「立地」とともに重要な要件とされているのが「イノベーション」であり、とりわけ新製品やサービスを創り出し競争力を獲得するための「プロダクト・イノベーション」の役割が重要視されている。Montana社などの大手ワイン製造企業が進出する以前の1990年代までのマールボロは、他のワイン産地と同様に、入植当時から代々続けられてきた家業としてのブドウ栽培やワイン醸造が小規模なブドウ生産農家やワイン醸造所でおこなわれてきた。

マールボロのワイン産業に大きな転機が訪れたのは1990年代以降である。その１つは、2003年にAward of Wine & Spirit Competition（英国）、2009年にCNZM（Companion of the New Zealand Order of Merit）for Services of Viticulture Industryを受賞したJane Hunter博士が、ニュージーランドで商業的なワイン産業の発展が緒に付いたばかりの1987年以降、原料ブドウの生産農家と連携して、伝統的なブドウ栽培がおこなわれてきたマールボロのブドウ栽培に効率的な作業プログラムを導入し原料ブドウの品質向上と生産性向上を実現し、さらにブドウの品種改良などの研究開発を積極的に推進し、ニュージーランドワインの品質向上に取り組み、ニュージーランドワインを国際的レベルに高めることに大きく貢献したことである。Jane Hunter博士

と彼女のグループによる原料ブドウ栽培の技術革新は多くのワイン製造企業や投資家を国内の他のワイン産地や欧米諸国或いはオーストラリアなどから呼び込む誘因となり、2000年代以降のマールボロのワイン産業の急速な発展をもたらすこととなった。2つには、ポーターのクラスター論でも指摘されているように、これらのワイン製造企業の集積とワイン醸造に付随した関連産業・支援組織が地理的に集中した結果、企業間の連携協力と同時に企業間の競争が活発化し、クラスター内のワイン製造企業がオーガニック・ワインを含むプレミアム・ワインなどのより創造的で魅力的な商品開発や製品の差別化を追求せざるを得なくなったことである。つまり、マールボロにワイン・クラスターが形成されたことによって、イノベーションへのプレッシャーが高まり、品質面や生産性向上やイノベーションの面でクラスターのメリットが強化されたといえよう。

6．ワイン・クラスターにおける政府の役割

ポーターは「より高いレベルの競争を目指すのを奨励し推進するのが政府の役割であり、競争力のある産業を創り出すのは、政府ではなく民間組織（企業など）であること、ダイヤモンドやクラスターに対して政府が果たす役割は本質的な脇役なのであって、企業が競争優位を獲得できるような環境を創り出す場合にのみ政府の政策が成功する」と述べているが、ニュージーランドの場合にはむしろワイン産業の発展を促すために、政府機関がワイン産業に積極的に関与している。前節で述べたように、原料ブドウの生産者やワイン製造企業に対してより高い専門知識を提供するためのセミナーや相談会を開催するとともに、ワインの輸出促進というアウトバウンドの戦略、観光クラスターと連携しながら外国人観光客の誘致活動や外国のワイン貿易業者を招聘してのニュージーランドワインの広報宣伝活動に努めるなどインバウンドの戦略も併せて実施している。さらに、**図6**に示すように、大中小のワイン製造企業の企業規模別に、オークランド、マールボロ、セントラル・オタ

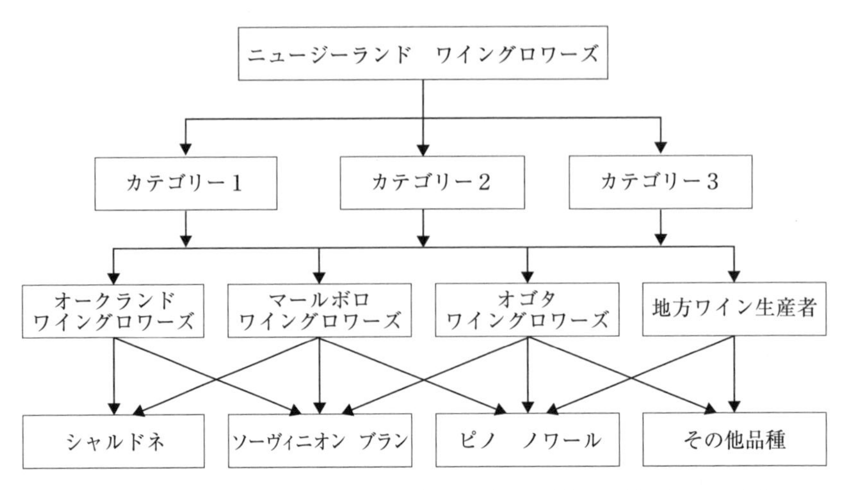

図6 ニュージーランド・ワイングロワーズによる栽培品種と商品開発の指導体制

カテゴリー 1：大規模ワイナリー （ワインの販売量が400万ℓ以上の企業）
カテゴリー 2：中規模ワイナリー（ワインの販売量が20万ℓから400万ℓの企業）
カテゴリー 3：小規模ワイナリー （ワインの販売量が20万ℓ以下の企業）

資料：New Zealand Winegrower Association資料より作成。

ゴの3大ワイン産地とその他のワイン産地に対して、それぞれのワイン産地で栽培されている主要な原料ブドウの品種だけではなく他の品種の導入を推奨し、多品種の原料ブドウを利用した個性的な商品開発に取り組むように強く指導している。以上のことからも明らかなように、マールボロには、ポーター教授が示唆した「民間主導」によるワイン・クラスターの通説とは異なる「政府主導型」のワイン・クラスターが形成されていると見ることができる。

マールボロで「政府主導型」のワイン・クラスターが形成された背景には、英国のEEC加盟によってチーズやバターなどの酪農品の優遇措置が受けられなくなり、酪農に偏った産業構造からの転換を迫られたニュージーランド政府が、新たな成長産業として有望視しているワイン産業の振興がニュージーランド経済の発展にとって必要不可欠だったからである。このため、自由競争による経済体制下であっても、高品質ワインの醸造や衛生管理の徹底、品質の維持、とりわけ輸出用ワインの品質保持と安全性確保はつねに政府の監督下に置かれ、ときには厳重なチェックと手厚い保護を受けているのである。このようなワイン産業に対する国家による規制は、原料ブドウ生産者とワイン製造企業の保護育成を意図したものであり、それなくしては嘗てのように原料ブドウの過剰生産によってワインの生産量が増大した結果、ワインの余剰が発生しワイン価格が暴落したり、付加価値の低いバルクワインの輸出量を増やす結果となり、国際市場でのニュージーランドワインの評価を低下させる危険性があるからである。以上のような事情を背景に、ニュージーランド政府は、原料ブドウの生産と原料価格、ワインの生産量をコントロールすることによってワイン産業の安定的な発展に努めていると見ることができる。

7．結論と残された課題

本研究ではポーターのクラスター理論に基づいて、ニュージーランド最大のワイン産地であるマールボロにおけるワイン・クラスターの形成過程と形成要因、ワイン・クラスター形成の成果について検討してきた。考察結果からは、①マールボロのワイン・クラスターが1873年にこの地に最初に入植した二人の農民のブドウの栽培に始まり、やがて商業的なブドウ栽培によるワイン生産へと発展し、1990年代におけるJane Hunter博士らのグループによる原料ブドウ栽培の技術革新によってワインの品質向上やワインの生産性向上といったイノベーションが進展し、さらにMontana社などの大手ワイン製造企業のマールボロへの進出が誘因となってワイン製造企業の集積と関連産業・支援組織の集積が起こり、ワイン・クラスターが形成されていったことが確認された、②さらにマールボロの場合には、ワイン・クラスター形成に不可欠なテロワール（気候風土､土壌条件）という要素条件に加えて､ニュージーランド政府がワイン・クラスターの形成に強く関与してきたこと、さらに、環境問題に敏感な国際市場でのオーガニック・ワインなどの持続可能な生産方法で作られたワインの需要拡大といった需要条件、関連産業・支援組織の集積という3つの要素条件が整えられてきたことが明らかとなった。③ワイン・クラスターを構成する568のブドウ生産農家、168のワイナリー、Wine Worksや流通企業、運輸会社その他の下流産業の集積、研究教育機関としてのLincoln大学とNMIE、政府機関であるNew Zealand Winegrowersの支部組織Wine Marlborough、地元の行政機関であるMarlborough District Council、さらにはワイン・クラスターと密接な関係にある観光クラスターや農林水産業などの地域産業クラスターとの連携協力関係が構成主体間の補完性を促し、ワイン・クラスターを構成するワイン製造企業同士の競争がプレッシャーとなって新商品開発やワインの品質向上などのプロダクト・イノベーションを促し、マールボロをニュージーランド最大のワイン産地、輸出産地に発展させたことが明らかとなった。

最後に、マールボロのワイン・クラスターの考察において十分検討し得なかった問題も幾つか残している。1つは、ワインの醸造はワインの生産規模が大きくなればなるほど原料ブドウの外注依存度（契約栽培、契約取引など）が高くなる産業であるから、高品質のワイン醸造は高品質のブドウ生産に負っている点が大きいと考えられる。しかし、ワイン製造企業と原料ブドウ生産者の契約取引の関係は、理論的にはともかく、実証分析を展開できるほどの実証データと情報を得ることが難しく、十分に検討し得なかった部分である。もう一つは、ワインは市場需要と結合してはじめて消費目的が達成される商品であることから、今後のワイン需要の動向とりわけ国内市場が狭小なニュージーランドのワイン産業にとって国際市場のワイン需要の動向がワイン産業の将来を大きく左右することが十分に考えられる。環太平洋パートナーシップ協定（TPP）の締結を含めてワイン輸入国のワイン需要の動向やワインの輸入自由化問題などとの関連でワイン・クラスターの展開を分析することも重要であるが、ここでは論点の指摘にとどめたい。

（註1） イノベーションはプロダクト・イノベーションとプロセス・イノベーショ

ンの二つに大別されるが、イノベーション活動には3つの本質があると言われており、そのひとつは技術という情報の生産であり、二つ目は実験であり、3つめは現状の創造的破壊であると言われている。イノベーションの直接的なアウトプットは、新技術という情報財であるが、イノベーションの発生と成功には、情報の蓄積、危険資本、企業家精神の3つのクリテイカルなインプットが必要とされている（青木昌彦・伊丹敬之『企業の経済学』pp.226-238)。

（註2）テロワール（terroir）は、気候風土、土壌条件などの自然条件を意味しており、フランスでは統制原産地呼称（AOC）を論じる際に、テロワールという概念が不可欠になっている。テロワールという概念は法律などによって定義づけられているわけではないが、自然環境や気象条件、地方という問題構成によって「地方的で、永続的な慣行」(AOCの定義）に準拠した概念として限定された空間と関連づけられることになった(Mollard, A "La rente de qualite' territoriale" , Economic Ruale, 263, 2001. pp.16-34)。マールボロの土壌条件と冷涼且つ温和な気候と日格差の大きな気候はテロワールと呼ぶに相応しい自然条件を備えているといえる。

（註3）本節で対象とするマールボロという地域は、南島の北端に位置しており、1973年に初期の入植者によって最初のブドウ栽培が開始されている。ニュージーランドのフラッグ・シップにもなっているソーヴィニヨン・ブラン（白ワイン）の銘醸地として国際的にも知られており、名実ともにニュージーランドを代表するワイン産地のひとつである。

第7章

持続可能なワイン生産の展開

1．はじめに

食品の安全性、動物福祉、環境保護、児童労働、フェアトレード、企業の社会的責任といった倫理問題に対する社会的関心の高まりを背景に、世界有数の白ワインの生産国として知られるニュージーランドでも、1990年代以降、持続可能なワイン生産への関心が高まり、1994年にはSustainable Wine growers New Zealandが設立され、1997年にはOrganic Winegrowers New Zealand が設立されるなど持続可能なワイン生産に対する取り組みが進展している。1997年には、すべての原料ブドウの生産農家（Vineyards）において持続可能な原料ブドウの商業的な生産システムが導入され、2002年には持続可能なワイン生産に関するコミットメントが採択されている。

本章の目的は､1990年代以降､ニュージーランドのワイン産業で顕著となった持続可能なワイン生産の背景と取り組みの内容を検討し、ニュージーランドのワイン生産が環境問題や消費者の健康に配慮した新たな局面に移行しつつあることを、関係機関の資料と原料ブドウの生産農家（Vineyards)、ワイン製造企業（Winery）などからのヒアリング調査結果をもとに考察し、持続可能なワイン生産の経緯と持続可能なワイン生産システムのフレームワークと進捗状況、今後の展開方向を明らかにすることにある。

2．ニュージーランドにおけるワインセクターの動向

北島、南島に10のワイン産地が点在するニュージーランドのワインセク

表１　ニュージーランドにおけるワイン産業の主要指標：2003-2014年（再掲）

年次	2003	2004	2005	2006	2007
製造企業数	421	463	516	530	543
生産農家	625	589	818	866	1,003
生産面積（ha）	15,800	18,112	21,002	22,616	25,335
平均収量（トン）	4.8	9.1	6.9	8.2	8.1
原料価額（NZD）	1,929	1,876	1,792	2,002	1,981
榨汁量（トン）	76,400	165,500	142,000	185,000	205,000
総生産量（百万ℓ）	55.0	119.2	102.0	133.2	147.6

資料：New Zealand Winegrower Association 資料より作成。

ターは、2014年現在、ワイン用の原料ブドウを生産する762戸の生産農家（Vineyards）と699のワイン製造企業（Winery）、ワインの流通を担っている237の卸売業者、823のスーパーマーケットと49の量販店、459の酒販店、2,776のレストラン、2,228のホテル、1,852のワインバー、14のワイン仲買人（Broker）、ワインの輸出入を担う107の貿易業者によって構成されており、これらの事業者によって年間１億9,400万ℓのワインが生産され、その２割程度が国内市場で流通し、残りの８割が海外市場に輸出されている。

ニュージーランドは気候的にもフランスのブルゴーニュ地方に近く、冷涼かつ温和な気候と強い日差しと日較差の大きさによって糖度が高く、酸味を保持した強い芳香を兼ね備えたブドウが収穫されることで知られており、2014年度のha当たりの原料ブドウの平均収量は2003年度の2.65倍にあたる12.6トン、原料ブドウの搾汁量は2003年度の5.82倍となる26千トンに達している。

表１に示すように、2000年代に急速な発展を遂げたニュージーランドのワイン製造企業数（Winery）はワイン法（Wine Act）が成立した2003年の1.66倍にあたる699社（2014年）、原料ブドウの生産面積が2003年の2.23倍にあたる35,313haに拡大し、ワインの生産量も2003年の5,500万ℓから2014年の32,040万ℓへと5.82倍に増加している。

ニュージーランドにおけるワイン産業の急速な成長の背景には、アジア新

2008	2009	2010	2011	2012	2013	2014	14/03
585	643	672	698	703	698	699	1.66
1,060	1,171	851	791	824	833	762	1.21
29,310	31,964	33,200	34,500	35,337	35,182	35,510	2.24
9.7	8.9	8.0	9.5	7.6	12.6	12.6	2.62
2,161	1,629	1,293	1,239	1,359	1,666	1,666	0.86
285,000	285,000	266,000	328,000	269,000	345,000	445,000	5.82
205.2	205.2	190.0	235.0	194.0	248.4	320.4	5.82

興国などの国際市場におけるワイン需要の拡大とそれらの需要に対応した高品質ワインの生産拡大があげられる。つまり2000年代に入って、国際市場においてワインの需要が大きく伸長したことが、人口450万人と国内市場に制約のあるニュージーランドのワイン産業にとって新しい成長の条件が整えられてきたことを意味する。ではこのようなワイン産業の急速な成長がなぜ可能であったのかの背景を考えると、差し当たり３つの要因を考えることができる。第１は、海外市場におけるニュージーランドワインに対する需要の拡大である。2003年以降ニュージーランドワインの総需要量は４倍近くに増大したが、その大部分は海外市場でのワイン需要の拡大によるものであった。旧宗主国である英国、そして今や最大の輸出市場となった隣国のオーストラリア、アメリカ、カナダ、中国等の大口需要国での需要拡大が著しかったこと、がその背景をなしている。ワインの生産拡大はアメリカ、オーストラリア、チリ、アルゼンチン、南アフリカなどの新世界（New World）ワインに共通してみられる現象であるが、ニュージーランドもその例外ではなかった。第２は、原料となるブドウの生産が政府によって適度にコントロールされ（註１）、ワインの生産が弾力的に行われたため、ワイン需要の拡大にも拘わらず、過剰生産が回避されたことである。第３に、本節の課題とも関連するが、持続可能な原料ブドウ生産と有機栽培などの生産方法によって生産された原料ブドウを使用した高品質のワイン醸造の機会が大きく拡がったこ

とにある。チリワインやオーストラリアワインなどの低価格帯の新世界ワインの供給拡大にも拘わらず、相対的に高価格帯で輸出されているニュージーランドワインが国際市場で堅調に輸出を伸ばすことができた要因のひとつには、持続可能な生産方法によって生産されたニュージーランドワインの「グリーン」で「クリーン」なイメージが、世界の消費者に浸透しつつあるからである。

ここで注目すべき点は、以上の３要因の相互関連であり、有機生産を含む持続可能なワイン生産への関係機関、関係企業、生産者の意欲的な取り組みが、ニュージーランドワインの需要拡大につながっていることである。そしてそのことが、ニュージーランドワインの海外市場での需要の拡大を促し、原料生産農家とワイン製造企業の生産意欲を高め、より安全で高付加価値のワインを供給することに寄与しているとみることができる。このような相互循環は、ニュージーランドのワイン産業の生産規模が他の新世界諸国に比べて相対的に小さかったことも、持続可能なワイン生産システムへの移行を容易にしているとみることができる。

３．ワインセクターにおける持続可能なワイン生産システムの導入

１）持続可能なワイン生産システムの概念

1980年代の後半以降、学会はもとより国際機関、各国政府、民間団体(NPO)、企業などによって「持続可能性」や「持続的発展」「持続可能な農業」などに関する議論が活発におこなわれるようになっている。持続可能性の基本的な概念は、主に３つの基本原則に依拠している。すなわち、①環境(Enviromentally)、②公正（Equitable)、③経済（Economy）の３つであり、それぞれの頭文字をとって3Eと呼ばれている（**図１**)。

さらに包括的な持続可能性の指針が民間企業などで広く取り上げられるようになるにつれ、人（People)、利益（Profit)、地球環境（Planet）の３つのPが持続可能性を表す用語として広く用いられるようになっている。

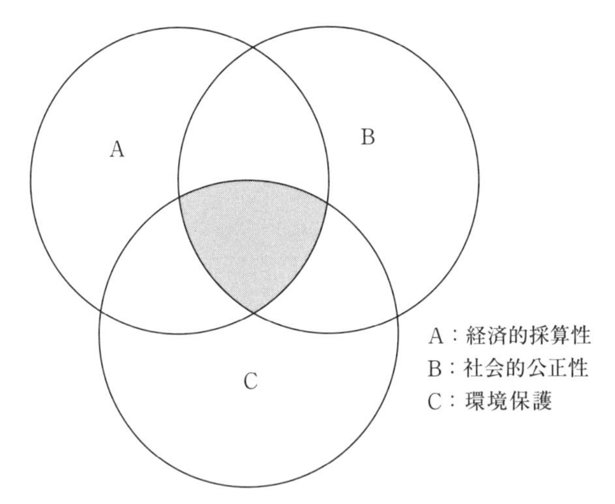

図１ 持続可能性に関する３つの原則

資料：Wine A Global Bussinessより筆者作成。

ニュージーランドでは、1990年代以降、ワイン産業の急速な発展と国際市場におけるワイン需要の拡大によってブドウ園に対する環境負荷が強まった結果、従来のブドウ園に加えて、牧草地や放牧地の一部を新たなワイン原料用のブドウ園に転換する動きが拡がった。その結果、農地への環境負荷と土壌の劣化が進展し、そのままの状態を放置しておくと大量の化学肥料や農薬の投入によってさらに土壌の劣化がすすんで農地の生産力が失われることとなり、その経済的損失の大きさが懸念され始めた。

ここでは、ニュージーランドにおける従来のブドウの生産方法が非持続的な栽培方法であることを、**図２**のような簡単なモデルを用いて説明する。**図２**の横軸には原料ブドウの収量変化が計られている。図上に描かれた曲線（実線）はブドウ園の評価関数であり、それはブドウの生産量がある時点までは増加してゆくが、それ以降は逆に減少してゆく関係をあらわしている。評価関数が右下がりとなるのは、化学肥料や農薬などを大量に投入することによる環境破壊や土壌の劣化による生産力の低下を反映したものである。

ブドウ園の表土は農地の肥沃度の宿るところであり、それが劣化するとい

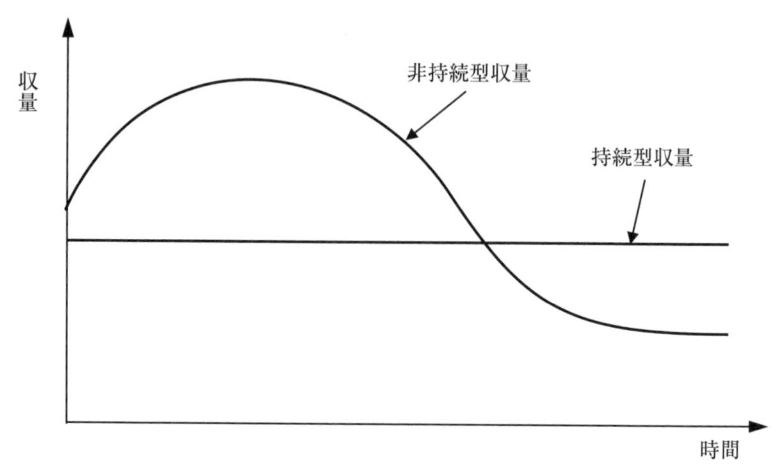

図２　非持続型農業における収量変化

資料：Andrew and Clem（1999）を一部修正。

うことはブドウの生育にとって致命的であり、生産性が大きく減退することを意味している。北島と南島の二つの島から成り立っているニュージーランドは、気候的には海洋性気候と大陸性気候の二つの気候帯に別れており、北島は雨が多く南島は北島に比べて雨が少ないものの、マールボロなどのワインの大産地が形成されており、大量の原料ブドウが必要となることから、地域によっては環境破壊や土壌の劣化が進みやすいといった問題がある。

ワイン用の原料ブドウの生産量が増大してゆくことは、ブドウ栽培農家の収入の増大を意味するから、この選好関数は、ブドウ生産者が一定の経済的負担をして既存のブドウ園を購入するか、それとも牧草地や放牧地を購入して新たなブドウ園を開墾するかの目的関数でもある。ブドウ栽培農家が新たな農地の購入を選択するとすれば、耕作可能な牧草地や放牧地などの農地価格が上昇し、ブドウ生産者にとって大きな経済的負担を伴うことになるから、新たに農地を購入するよりも、既存のブドウ園の生産性を高める選択比率が高くなるはずである。ブドウ生産農家がブドウ園となる農地の制約を前提に合理的な原料生産活動をおこなうと仮定すると、所得の一部は農地の購入よ

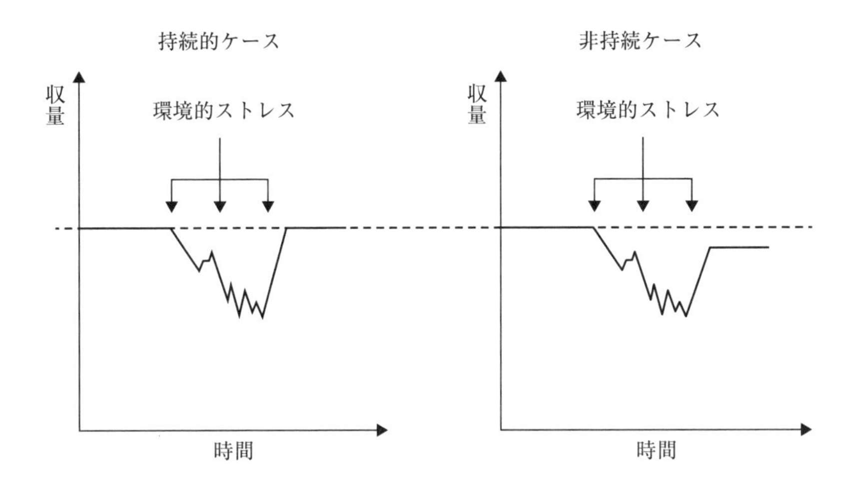

図３　持続的農法と非持続的農法の例解図

資料：前同Figure4.11を一部修正。

りも既存の農地の生産力向上につぎ込む可能性が高いものと考えられる。その結果、大量の化学肥料や化学農薬の使用によって土壌の劣化や環境破壊が進むことによって、中長期的に見ると持続型農業を大きく下回る水準でしか原料ブドウを収穫できなくなることになる。

したがって、ニュージーランドのワイン原料用ブドウの生産にとって望ましい生産のあり方は、ブドウ生産農家が持続可能な農法によるワイン原料用ブドウの生産システムを選択することである。**図３**に示すように、持続可能な原料ブドウの生産システムが導入された場合、自然災害などの環境劣化によってブドウ園が被害を被ったとしても、非持続型の生産システムに比べてダメージが小さく、尚かつ環境修復、土壌の回復に要する時間が短くて済むことになる。

持続可能な生産システムは、環境保全はもとより環境修復という観点から見ても優れた生産方法だといえる。さらに**図４**に示すように、企業収益の面から見ても持続可能な生産方法を選択した方が中長期的に見て安定した企業

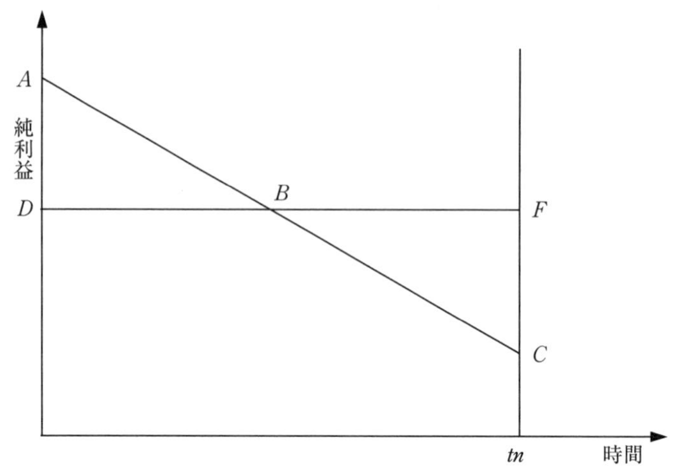

図４　二つの土地利用システムによる純利益の流れ

資料：前同Figure5.2を一部修正。

収益の確保に繋がることが明らかである。

ニュージーランドのワインセクターでは、持続可能な原料ブドウ生産とこれらの原料ブドウを使用したワイン造りがどのようにおこなわれているのか。以下では、限られた資料をもとにニュージーランドにおける持続可能なワイン生産への取り組みについて検討する。

２）ニュージーランドにおける持続可能なワイン生産の進捗状況

ニュージーランドでは、小規模ワイナリーのみならず大手のワイナリーを含めたすべてのワイナリーにおいて、原料ブドウの生産からワイン醸造のすべてのプロセスを、オーガニック認証に基づく生産方式に移行させる取り組みが進展している。ニュージーランドでは、1994年に持続可能なワイン生産の実施に関する法規（Sustainability Wine New Zealand）が制定され、1997年にはすべての商業的ブドウ生産農家において、持続可能なブドウ栽培がワイン業界のイニシアティブとして採択された。持続可能なワイン生産のビジョンとして次の７項目が掲げられている。すなわち、①テロワールと呼ばれる土の種類、気候、雨量、日照時間、水捌けなどの自然環境を保護することによって、更なる高品質の原料ブドウの生産とワインの醸造を推し進めること、②環境保護や自然資源の保護に関してリーダーシップを発揮すること、③ブドウ生産農家やワイン製造企業を含む、すべてのワインセクターで雇用されている従業員の経済的厚生と高福祉を実現すること、④農地の生産力を継続的に維持していくこと、⑤ワイン業界の企業家精神の涵養に努めること、⑥持続可能な生産活動を監視し評価することにとどまらず研究教育活動を支援すること、⑦地域のローカルビジネスを支援し、新たな雇用を創出し、地域コミュニティと積極的に関わることによってローカル・コミュニティの活性化を図ること、が規定されている。そして、①すべてのブドウ農園とワイナリーに対して環境保護に関するベストプラクティスを提供し、②原料ブドウからワインのボトリングに至るまでの品質を保証し、③消費者の環境問題に対する懸念を払拭することを基本目標に掲げている。この目標達成のために、ニュージーランドのワイン業界では、スイスの「ワデンスウィルプログラム」をモデルに、環境を保護しながら効率的でなおかつ経済的に高品質ワイン用の原料ブドウとプレミアムワインの生産を実現可能な「サスティナブル・ワイン生産プログラム」を独自に開発した（註2）。ブドウ生産農家とワイン製造企業の代表で構成するワーキンググループは、1995年から96年にかけて「総合的なワイン生産プログラム」を練り上げ、5つのブドウ園で試験栽培を実施した。

この試験栽培の結果をもとに、「持続可能型経営基金（Sustainable Wine Management Fund）」を創設し、その助成金15万ドルとワイン製造企業の団体であるニュージーランドワイン協会からの追加支援を受けて、1997-98年にはこのプログラムに参加したブドウ園の数は120に拡大し、さらに2001-02年にはプログラムの参加農園数が260に倍増した。既に、この時点で持続可能性プログラムに参加しているブドウ園の面積は全ブドウ園面積の60％に達した。2007年には、ワイン製造企業で組織するニュージーランドワイン協会が持続可能なワイン生産の今後の取り組みについて協議を重ねた結果、持

表２　ワインの持続可能性に関する規範

ワインの製造
ワインの品質維持
土壌の管理
原料取引
ブドウ園の水管理
廃棄物処理
病虫害防除
生産資材等の購買行動
エコシティ管理
人的資源
ローカルコミュニティーとの連携
ワイナリーの水質保全
エネルギー効率

資料：Wine A Global Business より筆者作成。

続可能なワイン生産への取り組みをより一層強化することとなり、そのプログラムの一環として「持続可能性ポリシー」を発表し、2012年までにすべてのニュージーランドワインが独立した監視機関の下で環境プログラムによって生産されることとなった。

この持続可能なNew Zealand Wine Programには運営委員会が設置されており、全国担当のコーディネーターの指導の下で、**表２**に示すように、ワインの持続可能性に関する規範を遵守しながら、すべての原料ブドウ生産農家とワイン製造企業が最低限の生産基準として持続可能性に関する規範に基づいて、原料ブドウ生産とワイン醸造を実施することを目標に掲げ、持続可能な生産活動とそのための新たな記録システムや分析ツールの開発を目指している。

2011年には、ニュージーランドの有機ワインの生産者で組織するOrganic Winegrowers New Zealandが、持続可能なワイン生産システムの普及を図るために、持続可能な原料ブドウ栽培の普及を目的にSustainable Winegrowers Fundを設立し、ワイン製造企業から集めた資金をもとに、オーガニックワインの商業的な生産を可能にするためのOrganic Focus Vineyard Projectを３年計画で策定した。このプロジェクトには、ホークスベイのMission Estate Winery、マールボロのHills Winery、セントラル・オタゴのGivson Vally Winery、の著名な３社のワイナリーが、プロジェクトの遂行に必要なブドウ園を無償で提供している。

ニュージーランドのワイン生産は、優れたワイン用ブドウを生産し、世界レベルの高品質ワインを生産するための農地を確保し、国際市場に挑戦する新たな段階を迎えている。世界のワイン市場はますます競争的となり、消費者の環境に対する意識も高まっている。高品質ワインの醸造にとって、高品質の原料ブドウの生産は最重要の課題である。このため、2011年以降、持続可能なワイン生産システムの一環として、オーガニック栽培によって生産された原料ブドウを用いたオーガニックワインの生産が、ニュージーランドのワイン産業において最も重要なプロジェクトのひとつになっている。生物学的な手法を用いた病害虫の防除や、ワインの醸造の際に発生する搾汁後のブドウの残渣をブドウ園の堆肥として還元することや、under vine栽培などの従来の除草剤の散布や草刈り機の使用などを見直す取り組みがおこなわれている。

持続可能なワイン生産の原料となる有機ブドウを生産するための有機農業というアプローチは、輪作、緑肥、堆肥、微生物による疾病からの防御といった手法によって、土壌の生産効率を維持しながら、農作物の疾病を回避する農法であり、その到達点は同じであるが、その手法は様々である。たとえば、合成化学肥料をまったく使用しないか、使用を厳しく制限することや、土壌の浸食や富栄養化や物理的な破壊から保護したり、或いは多くの品種を栽培することによって生物多様性を維持する、家畜を屋内ではなく屋外で飼育するといった基本的な枠組みの中で、個々の生産者は気候や作物の市況を考慮しながら、各々の地域の有機農業基準に則って有機農業を営んでいる。ニュージーランドでは、有機農業に参加しているすべての生産者に対して合成化学肥料、農薬、防除剤の使用が禁止されており、それに代わる輪作や堆肥などを活用した生態学的な栽培方法が採用されており、病虫害防除には天敵などの天然由来の自然資源の活用に努めている。このため、Organic Winegrowers New Zealand（OWNZ）とワインの政府組織であるNew Zealand Winegrowers（NZW）の二つの組織は相互に連携協力しており、ワイン協会は多くの資金と人材を提供してオーガニック農法による原料ブドウの生産を支援している。

ニュージーランドでは、持続可能なワイン生産の一環としてワイン原料用のオーガニックブドウとオーガニックワインの生産者で組織するOrganic Winegrowers New Zealandが設立されているが、Organic Winegrowers New Zealandのすべての会員は、有機農業運動国際連盟（IFORM）に加盟しているBioGro、Asure Quality、Demeterの３つの有機認証機関の認証を受けており、毎年、それぞれの認証機関の監査を受けている（註３）。Organic Winegrowers New Zealandに加盟している有機ブドウ生産者は、2014年現在、104戸であり、有機ブドウの栽培面積は2,550haで全ブドウ栽培のおよそ7.6％に達しているが、持続可能性プログラムに参加しているブドウ生産者やワイン製造企業に比べるとその数はまだ少数にとどまっている。Organic Winegrowersは、すべてのブドウ生産農家が段階的にオーガニック生産に転換する方向を目指しており、これらの取り組みによって、2020年には有機ブドウの栽培面積を全ブドウ栽培面積の20％に拡大する計画である。そこで、Organic Winegrowers New Zealandから入手した資料をもとに、持続可能な生産システムの一環として推進されている有機栽培と有機栽培によって生産された原料ブドウを用いて、どの産地のどのワイナリーが、どのような品種を使用してワインを醸造しているか、またどの認証機関の有機認証を取得しているのかを見ることにする。

表３は、2014年時点におけるオーガニックブドウとオーガニックワインの生産者の数を示している。オーガニック原料ブドウの生産農家は762のブドウ生産農家の13.6％にあたる104戸、オーガニックワインを製造するワイナリーの数も全ワイナリーの9.8％にあたる69に増加している。

表３　ニュージーランドにおけるオーガニックワインの生産者数：2014

	計	オーガニック	割合
原料生産農家数	762	104	12.5%
製造企業数	699	69	9.9%

資料：NZ Winegrowers Annual Report 2014。

表４　有機認証取得ブドウ園及び有機栽培移行中の農園数

	1997	2007	2009	2012
有機認証取得済	335	860	1,145	1,221
有機栽培移行中	−	1,260	1,416	1,765

出所：New Zealand Organic Report 2012。

表５　地域別オーガニック原料ブドウの栽培面積：2014（単位：ha）

生産地	一般栽培	有機栽培	比率（%）
マールボロ	23,203	1,115	4.8
ホークス・ベイ	4,774	85	1.8
セントラル・オタゴ	1,932	318	16.5
ギズボーン	1,915	51	2.7
ワイパラ	1,488	71	4.8
ネルソン	1,123	127	11.3
ワイララパ	995	115	11.6
オークランド	392	19	4.8
ワイカト	25	6	24.0
合計	35,847	1,907	5.3

資料：New Zealand Winegrowers 資料より作成。

次の**表４**には、1997年から2012年の15年間において有機認証を取得したブドウ園（圃場）と有機認証取得の移行段階にあるブドウ園（圃場）の数を示した。有機認証を取得したブドウ園は1997年の335から2007年の860、2009年の1,145、2012年の1,221へと大きく増加していることがわかる。さらに有機認証の移行段階にあるブドウ園（圃場）の数も、2007年の1,260から2009年の1,416、2012年の1,765へと大きく増加していることがわかる。

表５は、地域別に見たオーガニックブドウの栽培面積を示したものである。原料ブドウの栽培面積は、ニュージーランド最大のワイン産地であるマール

表6　オーガニック原料ブドウをワイナリーに販売しているOWNZ加盟農家の産地・品種・認証機関

ブドウ生産農家	産地	品種	認証機関
Antipode Estate	マールボロ	ソーヴィニヨン・ブラン	BioGro
Barrow's Vineyard	マールボロ	ソーヴィニヨン・ブラン	BioGro
Belmonte Vines	マールボロ	ソーヴィニヨン・ブラン	BioGro
Bhudevi Estate	マールボロ	ソーヴィニヨン・ブラン	BioGro
Cat Creek	マールボロ	ソーヴィニヨン・ブラン	BioGro
Kahu Vineyard	マールボロ	ソーヴィニヨン・ブラン	BioGro
Nimbus Estate	マールボロ	ソーヴィニヨン・ブラン	BioGro
Raupo Vineyards	マールボロ	ソーヴィニヨン・ブラン	BioGro
Starvation Ridge	マールボロ	ソーヴィニヨン・ブラン	BioGro
The Quarters	マールボロ	ソーヴィニヨン・ブラン	BioGro
Windrush Vineyard	マールボロ	ソーヴィニヨン・ブラン	BioGro
Triple Terrace Estate	ホークス・ベイ	ソーヴィニヨン・ブラン	BioGro

資料：New Zealand Winegrowers 資料より作成。

ボロが24,318haと最大であり、以下、ホークス・ベイの4,859ha、セントラル・オタゴの2,250ha、ギズボーンの1,966ha、ワイパラの1,559ha、ネルソンの1,250ha、ワイララパの1,110ha、オークランドの411ha、ワイカトの31haの順となっている。一方、オーガニックブドウの栽培面積は、最大のワイン産地であるマールボロが1,115ha（4.9%）と最も栽培面積が大きく、次に多いのがマールボロに次いで２番目にワイナリーの数が多いセントラル・オタゴの318haであり、16.1%がオーガニック栽培によるものである。以下、ネルソンの127ha（11.4%）、ワイララパの115ha、ホークス・ベイの85ha（1.8%）などとなっている。

次の**表6**には、Organic Winegrowers New Zealandに加盟して有機栽培によって収穫した原料ブドウを生産している12の生産農家（Vineyards）と産地、栽培品種、取得している有機認証名を示している。**表6**に見るように、ひとつの産地を除いてすべての生産農家がニュージーランド最大のワイン産地であるマールボロに集中しており、栽培されている品種もニュージーランドを代表する白ワインの原料となるソーヴィニヨン・ブランが多いことがわかる。またオーガニック認証はすべてBioGroの認証によるものである。

表７　オーガニックワインを製造しているワイナリーと使用品種・認証機関

ワイナリー名	産地	品種	認証機関
Artisan	オークランド	ピノ・ノワール、ピノ・グリ	BioGro
Churton	マールボロ	ソーヴィニヨン・ブラン	BioGro
The Darling	マールボロ	ピノ・ノワール、リースリング	BioGro
Fromm	マールボロ	ソーヴィニヨン・ブラン	BioGro
Konrad Wines	マールボロ	ソーヴィニヨン・ブラン	BioGro
Rock Ferry	マールボロ	ソーヴィニヨン・ブラン	BioGro
Te Mania	ネルソン	シャルドネ、メルロー	Demeter
Turanga Creek	オークランド	シラー、ピノ・グリ	BioGro
Woollaston Estates	ネルソン	ピノ・ノワール、ピノ・グリ	BioGro

資料：New Zealand Winegrowers資料より作成。

表７は、オーガニックワインを生産している中小規模の９つのワイナリーの産地と使用品種名、取得している有機認証名を示している。ニュージーランド最大の都市オークランド近郊に立地しているArtisanはピノ・ノワール、ピノ・グリの二つの品種を使用しており、BioGroの認証を取得している。マールボロに立地するChurton、Fromm、Konrad、Rock Ferryの４社はいずれもニュージーランドの代表的な白ワインの品種であるソーヴィニヨン・ブランを使用しており、有機認証はBioGroである。ネルソンのTe Maniaはシャルドネとメルローを使用し、有機認証はDemeterから受けている。オークランドのTuranga Creekはピノ・グリ、シラーを使用し、有機認証はBioGroから取得している。ネルソンのWoollaston Estatesは、ピノ・ノワール、ピノ・グリを使用しており、有機認証はBioGroから得ているが、いずれのワイナリーもオーガニックワインの生産量は明らかにしていない。

次に、有機栽培で生産された原料ブドウを使用して、オーガニックワインを生産している大手のワイナリー11社の産地と使用品種、有機の認証機関を示したのが**表８**である。**表８**に示したワイナリーは、いずれも年間400万ℓ以上のワインを生産している大規模ワイナリーであるが、これらの大規模ワイナリーにおいても高値で取引されるオーガニックワインへの関心が高まっており、業界内でも今後さらにオーガニックワインの生産に参入する大手のワイナリーが増えるものと予測している。マールボロに立地している

表8　オーガニックワインを生産している大手ワイナリーの産地・使用品種・認証機関

ワイナリー名	産地	品種	認証機関
Babich Estate	マールボロ	ソーヴィニヨン・ブラン	BioGro
Dog Point	マールボロ	ソーヴィニヨン・ブラン	BioGro
Greenhough	ネルソン	ピノ・ノワール、リースリング	BioGro
Greystone	ワイパラ	ピノ・ノワール、リースリング	Asure Quality
Isabel Vineyard	マールボロ	ソーヴィニヨン・ブラン	BioGro
Kahurangi Estate	ネルソン	ソーヴィニヨン・ブラン	BioGro
Mahi Wines	マールボロ	ソーヴィニヨン・ブラン	BioGro
Pernod Ricard NZ	マールボロ	ソーヴィニヨン・ブラン	BioGro
Villa Maria Estate	ホークス・ベイ	ソーヴィニヨン・ブラン	BioGro
Vidal Winery	ホークス・ベイ	ソーヴィニヨン・ブラン	BioGro
Wither Hills	マールボロ	ソーヴィニヨン・ブラン	BioGro

資料：New Zealand Winegrowers資料より作成。

Babich Estate、Dog Point、Isabel Vineyard、Mahi Estate Winerys、Wither Hills、Pernod Ricard NZはいずれもソーヴィニヨン・ブランを使用し、ネルソンのGreenhoughはピノ・ノワール、リースリングを使用し、認証機関はBioGro、ワイパラのGreystoneも同じピノ・ノワールとリースリング、ネルソンのKahurangi Estateはソーヴィニヨン・ブランを使用し、BioGroの認証を得ている。ホークス・ベイのVilla Maria EstateとVidal Wineryは、いずれもソーヴィニヨン・ブランを使用し、BioGroの認証を取得している。

次の**表9**は、現時点ではまだ完全に有機生産に移行できていないが、現在、オーガニックワイン生産への移行段階（申請中）にあるワイナリーと産地、品種、認証申請機関名を記載してある。**表9**に見るように、ワイパラにあるBlack Estate Wineryは、ピノ・ノワールとシャルドネを使用したオーガニックワインの認証をBioGroに申請中であり、マールボロのClos Henri、Framingham、Northburn、Ra Nuiもそれぞれソーヴィニヨン・ブラン、ピノ・ノワール、シャルドネの３つの品種を申請中である。ギズボーンのOrmond Estateはシャルドネを、ワイララパのSchubertはソーヴィニヨン・ブランをBioGroに、ホークス・ベイのMission Estateはソーヴィニヨン・ブランをBioGroに、同じホークス・ベイのStonecroftもソーヴィニヨン・ブランを

表９　オーガニックワインを生産している大手ワイナリーの産地・使用品種・認証機関

ワイナリー名	産地	品種	認証機関
Black Estate	ワイパラ	ピノ・ノワール、シャルドネ	BioGro
Clos Henri	マールボロ	ソーヴィニヨン・ブラン	BioGro
Framingham	マールボロ	ピノ・ノワール	BioGro
Mission Estate	ホークス・ベイ	ソーヴィニヨン・ブラン	BioGro
Northburn	マールボロ	シャルドネ	BioGro
Ormond Estate	ギズボーン	シャルドネ	BioGro
Ra Nui	マールボロ	ソーヴィニヨン・ブラン	BioGro
Saltings Estate	オークランド	メルロー、マルベック	Demeter
Schubert Wines	ワイララパ	ソーヴィニヨン・ブラン	BioGro
Stonecroft	ホークス・ベイ	ソーヴィニヨン・ブラン	Asure Quality

資料：New Zealand Winegrowers 資料より作成。

Asure Qualityに申請しており、オークランドのSaltings Estateはメルローとマルベックをdemeterに申請中である。

以上のように、ワインの有機認証を申請するワイナリーの数は年々増える傾向にある。当初は、有機栽培には除草作業などの圃場の管理や収穫作業に多くの労力が必要なことや、オーガニックワインには防腐剤の使用が禁止されたこともあって一部のワインで味が変質するなどワインの品質維持を懸念するワイナリーが多かったが、その後、栽培方法の改善や防腐剤使用の緩和などによって原料ブドウの生産とオーガニックワインの醸造と品質保持が容易になったことに加えて、海外市場でオーガニックワインの需要が拡大していることが追い風となってオーガニックワインの生産に積極的に取り組むワイナリーとブドウ生産者が増えつつある。

4．Hans Hernzog Estate Wineryの事例分析

以上のように、ニュージーランドのワインセクターでは持続可能なワイン生産の一環として有機栽培による原料ブドウの生産と、それらの原料ブドウを使用したワイン醸造への取り組みが大きく進展しているが、ここではオー

ガニックワインの生産では最も歴史の古いワイナリーのひとつであるHans Hernzog Estate Winery（以下、Hans Wineryと略す）の取り組みについてみることにする。1630年代から代々スイスのRhine河畔の丘陵を利用してブドウ栽培を営んできたHans家は、1984年にチューリッヒにワイナリーを開業して以来、40年間に亘ってワインの醸造を手がけているワイン一家である。スイスでのフランスのボルドー式のワイン造りで成功を収め消費者からの高い評価を得ていたHans家のワインであるが、当主のHans氏はそれに飽きたらずに消費者に対してさらに高品質のワインを提供するために、世界各地に足を運んで適地を探した結果、現在のニュージーランドのマールボロが気候的に最もワイン造りに適した場所であることを突き止めた。

その後、1990年代にHans一家は住み慣れたスイスを離れて遠いニュージーランドの地に移住することになり、1994年に現在ワイナリーを開業しているマールボロに農地を購入しブドウの栽培に着手した。1998年に最初のブドウを収穫し、ワイン醸造が開始された。したがって、Hans Wineryは設立後29年が経過したことになる。高品質のオーガニックワインだけを限定醸造するワイナリーとして知られるHans Wineryは、原料ブドウの収穫作業に臨時に雇用する10人の作業員を除くと、経営者で世界のWine Masterのひとりでもある Hans Herzog氏を含めて家族３人で年間2,500ケース（30,000本）のオーガニックワインを生産する典型的な家族経営のワイナリーである（註４）。11.5haの自社ブドウ園で、100％有機栽培によって生産されている原料ブドウを使用して生産されるオーガニックワインは27アイテム、他の大規模ワイナリーとは異なり、１本１本手作りで丁寧に醸造される高品質のプレミアムワインは、赤ワイン30％と白ワイン70％の割合で生産されている。750㎖あたりの平均単価は65ドルと量販店などで販売されている一般のワインよりも５、６倍の値段で販売されている。豊潤で深い味わいとまろやかな舌触りとほどよい酸味を備えたHans Wineryのオーガニックワインは、ワイナリーを訪れるワイン愛好者を魅了している。

Hans Wineryの経営方針は徹底的な原料ブドウの有機栽培に拘り、緑肥以外一切の化学肥料や農薬、添加物を使用せずにワインを醸造することにあり、エコシステムによる持続可能なワイン造りに徹することである。ワイン醸造所に隣接しているHans家の自社農園にはhaあたり5,500本のブドウが栽培されているが、１エーカー当たりの収量は２トンと通常の原料用ブドウの平均収量である8.1トンの４分の１に抑えられている。Hans Wineryが平均収量を低く抑えているのは、灌水などの水管理をコントロールして病害虫に強い丈夫なブドウの木を育てると同時に、糖度の高い芳醇な味の原料ブドウを収穫するためである。栽培されている品種は、赤ワイン用として、ピノ・ノワール、メルロー、カベルネフラン、カベルネ・ソーヴィニヨン、マルベック、モンテプルチャーノ、テンプラニージョ、バルベーラ、ツヴァイゲルト、サン・ローランの10品種、白ワイン用としてシャルドネ、ヴィオニエ、ピノ・グリ、リースリング、ソーヴィニヨン・ブラン、アルネイス、ルーサンヌ、セミヨン、ゲヴュルツトラミネール、ヴィオニエの10品種である。多品種少量生産を特徴とするHans Wineryのワイン造りには、多種類の原料ブドウが必要であるため、原料ブドウの栽培には多くの労力を必要とするが、除草剤や農薬散布機は一切使用せず、ブドウ園にはヒツジを放牧して雑草の管理をおこなっている。

収穫作業はすべて手作業（hand pick）でおこなわれており、ブドウが傷つかないように細心の注意を払って収穫作業がおこなわれている。Hans Wineryが立地しているマールボロという地域は周囲を小高い山に囲まれた盆地であり、近くを流れる川に沈殿した粘土が堆積した沖積層を成しており、砂利が多く砂粒がほどよく混じった土壌は水捌けが良く、高品質なブドウの栽培に完璧な条件を備えている。さらに冷涼かつ温和な気候と強い日差しによって夜間と日中の温度格差の大きい気候は、ブドウの栽培に適しており、フルーティな味と風味を兼ね備えたブドウは世界の他のどの地域に比べても希に見る優れた原料ブドウの産地となっている。

製造されたオーガニックワインの50％は自社の直売所と併設のレストラン（３年前にミシュランの三つ星レストランの認定を取得）で販売されており、

残りの30％が国内の高級レストランと高級ワインショップに出荷され、20％がオーストラリア、ドイツ、英国、中国に高級ワインとして輸出されている。

Hans Wineryのワイン生産は、他の大規模ワイナリーによる商業的な大規模なワイン生産とは異なり、原料ブドウの生産と醸造作業に多くの労力を必要とし、生産コストが3、4割程度割高となるが、利益を追求せずに、高品質で自然環境にやさしい高品質なオーガニックワインを理解してもらえる顧客を対象に地道で誠実なワイン造りに取り組んでいる。欧米諸国を中心にオーガニックワインに対する需要は年々高まる傾向にあり、大量生産、大量消費を目的に非持続的な生産方法で生産されたワインに対して、欧米諸国はもとより中国などのアジアの新興国の消費者の間でも次第に持続可能な生産方法で生産されたワインを求める消費者が増えつつあるという。オーガニックワインを生産している他のワイナリーでも、生産量が相対的に少ないオーガニックワインは発売と同時に売り切れ状態になるほど人気が高まっているが、Hans Wineryはあくまでも厳選された自社農園の原料ブドウだけを使用した多品種少量生産に徹しており、海外のワイン産地で生産されているオーガニックワインの追随を許さない品質の維持に拘って生産されており、原料ブドウの栽培からワインの醸造に至るまでオーガニックの精神が貫かれている。

5．持続可能なワイン生産の展開方向

New Zealand Winegrowers、Organic Winegrowers New Zealand、Wine Marlborough、リンカーン大学醸造学科、Hans Winery等からのヒアリング調査結果をもとに、ニュージーランドにおける持続可能なワイン生産の展開について政府、ワイン業界、生産者組織の取り組みの経緯と現状について検討した。以上で試みたのは、持続可能なワイン生産への取り組みが進展しているニュージーランドのワインセクターに関して、持続可能なワイン生産への取り組みの経緯とその意義、取り組みの進捗状況とそこでの課題や問題点

について検討することであった。ニュージーランドのワインセクターで進展している持続可能なワイン生産に関する研究成果は皆無であり、また個別のブドウ生産農家毎の栽培品種やワイナリー毎の公的な統計資料が整備されていない中での調査研究は現地でのヒアリング調査によるしか方法がなく、ヒアリング調査もワイナリーや生産農家の経営上のセンシティブな内容に関しては聞き取りに制約があり、これ以上の情報と資料を入手することが困難であった。

今回の調査結果から導き出されたひとつの結論は、ワインの持続可能性に関する規範を遵守して、有機栽培を含めた持続可能な原料ブドウの生産とそれらの栽培方法によって生産された原料ブドウによって市場需要が拡大しているオーガニックワインはもとより、ニュージーランドのワイン業界が目指しているプレミアムワインの生産に特化して、低価格販売によって市場を拡大しているチリ、アルゼンチン、オーストラリアなどの他の新世界ワインに比べて、相対的に高価格帯で販売（輸出）することができれば安定した収益を確保することが可能であり、フランス、イタリア、スペインなどの旧世界ワインや米国、オーストラリア、チリ、アルゼンチン、南アフリカなどの他の新世界ワインに比べて生産量の少ないニュージーランドワインが国際市場の中で安定した市場を確保し、市場を拡大する可能性があることが判明した。人口450万人と国内市場での販路拡大に限界があるニュージーランドのワイン産業は、国際市場への輸出を軸に動いており、それゆえに多品種少量生産を基本とするニュージーランドのワイン生産の特質が活かされてきたこと、また環境問題に敏感な国際市場のワイン需要に適合的な成長戦略、すなわち持続可能なワイン生産という戦略がとられてきたことが、ニュージーランドのワイン産業の成長を可能にしてきたことが明らかになった。

本章で検討したことはあくまでもワインの生産面に関することであって、消費者のワインの選好の問題は別の問題であるが、消費者の環境保護への関心の高まりによって需要が趨勢的に拡大基調にあるオーガニックワインなどの持続可能な生産方法で製造されたワインは、価格が多少高くても需要は減らずに、需要の価格弾力性は小さくなる傾向にある。これが原料生産者やワイン製造企業の価格維持・価格引き上げ行動を容易にすることに結びついているといってよい。他方、供給面では、環境保護や資源・エネルギー問題、賃金問題などがコスト圧力となる可能性があるが、現時点ではオーガニックワインなどの高価格帯のプレミアムワインの需要拡大によってコスト圧力が吸収されていると見ることができる。

ニュージーランドにおけるワインセクターの展開方向は非持続的なワイン生産の方向ではなく、既存の農地を活用した持続可能な農法とワイン生産によって高品質で少量多品種のワイン生産に徹することである。マールボロにおけるHans Wineryやブドウ生産農家のFolium Vineyardなどの取り組みがその方向性を示している。安定的かつ持続可能なワイン生産システムの構築には原料ブドウ生産農家、ワイン製造企業のみならず政府や関連組織、関連産業の連携と支援体制が重要であるが、ニュージーランドのワインセクターではこれらの連携関係と支援体制が整備されていることも持続可能なワイン生産にとって追い風になっているといえよう。なぜニュージーランドのワイン産業が短期間に成長することができたのか、その制度的枠組みや原料生産者、ワイン製造企業の取り組みを知ることは、今後のワイン産業の発展にとって有用である。本章が目的とし、明らかにしたのはこの点である。

(註１)　ニュージーランド政府は原料ブドウが過剰生産となった2007年、2008年以降、原料ブドウの生産を規制し、過剰生産による低品質のワイン醸造と粗悪なワインが国内外市場に流通することを厳しく規制している。

(註２)　持続可能なワイン生産プロジェクトでは、化学農薬や化学肥料の使用を極力減らすために、①ブドウ園に群がる鳥を追い払うために野生の鷹やハヤブサを活用する、②ブドウ園の害虫を駆除するために蜜蜂を飼養する、③雑草管理のためブドウ園に羊を放牧する、④ブドウ園の周囲に天然林を植林する、⑤ブドウ園の回りに野生生物の回廊を設置する、⑥在来種の個体群の強化を図る、⑦環境保護のために自然の湿地を開発する、といった取り組みを実施しており、高品質で健康的なブドウを育てるために被覆作物を維持することや土壌生物の生息数を増やすなど、生物多様

性の維持に必要な様々なプログラムを用意してブドウ栽培とワイン醸造に必要な環境を整える取り組みを実践している。

（註３）BioGro、Asure Quarity、Demeterはニュージーランドの主要な有機認証機関であり、いずれの認証機関も有機農業運動国際連盟（IFORM）に加盟している。

（註４）毎年開催されているNew Zealand Organic Wine Awardsによると、出展されるワインは品質毎に、Gold（金)、Silver（銀)、Bronze（銅）に分けられており、ケーススタディで取り上げたHans Wineryは３年連続でGoldに選ばれている。

第8章

ニュージーランドワインの国際リンケージ

1．はじめに

前章でも触れたように、ニュージーランドのワイン産業は輸出を軸に動いており、歴史的な繋がりの深い旧宗主国イギリスさらには隣国オーストラリアに対するワインの輸出が大きな割合を占めてきた。しかしながらワインの需要構造（第５章）からも明らかなように、2000年代の後半以降、ニュージーランドワインの新たな輸出市場としてアメリカ、カナダ、オランダ、中国などへの輸出が趨勢的な増加傾向を示しており、嘗てイギリス、オーストラリアに大きく依存してきたワインの貿易構造に変化の兆しが現れている。過去10年間にニュージーランドのワインの貿易構造にどのような変化が生じているのか、ワインの輸出を輸出先と輸出額の変化の面から実証的に裏付けてみようというのが本章の課題である。

まず、次節ではニュージーランドと諸外国との間で進展している地域統合（TPPなどの自由貿易協定）の動きについて簡単に整理し、第３節では、ワインの主な輸出先であるイギリス、アメリカ、オーストラリア、中国の４カ国におけるワインの基本指標を概観し、第４節では、ワインの輸出構造がどのように変化しているか、2006年と2015年のワインの輸出を比較検討する。第５節ではニュージーランドワインの国際リンケージを貿易フローの面から検討する。最後に、提携・結合関係を強めるアジア太平洋市場とのワイン貿易の将来に言及する。

2. 地域統合の推進とニュージーランドのワイン産業

ニュージーランドは1945年にイギリスから独立した歴史の浅い国である。独立後のニュージーランドは、イギリスの特恵関税の優遇措置を受けて羊毛や酪農品などをイギリス向けに輸出してきた。ニュージーランドの主な産業は酪農品などの農林水産業であり、生産物の大部分はヨーロッパやアメリカ、アジア市場に輸出されている。このため、ニュージーランド政府は国際貿易を重視しており、ヨーロッパやアメリカはもとより、経済成長が顕著なアジア諸国との間で緊密な経済関係を構築し発展させようとしている。つまりそれは、酪農品やワインなどのニュージーランド産の農産品の貿易の自由化を促す動きでもある。ニュージーランドは、1983年にオーストラリアとの間で経済緊密協定（CER）を締結して以来、積極的に経済連携協定（EPA）や自由貿易協定（FTA）の締結にとり組んでおり、既に10協定が発効している。これらの貿易協定の締結によって、70年代までイギリスやヨーロッパ諸国との貿易額が７割を占めたニュージーランドの貿易相手国がAPEC諸国に大きくシフトしており、現在ではAPEC諸国との貿易額が７割を占めるようになり、ヨーロッパ諸国との貿易額は14%に縮小している。ニュージーランドがこれまでに締結している主な自由貿易協定は、2001年のシンガポールとの経済連携緊密化協定（CEP）を皮切りに、2005年にタイとCEPを締結、2006年にシンガポール、チリ、ブルネイとの多国間FTA（Pacific4）が発効し、2008年には中国とのFTAが発効した。2010年１月にはASEAN・オーストラリア・ニュージーランドのFTA（AANZFTA）が、同年８月にはマレーシアとのFTAが、2011年には香港とのCEPが、2013年には外交関係のない台湾との間で経済協力協定が締結されており、2014年にはニュージーランド・韓国FTAが合意に達し、2015年に発効した。

さらに、2011年には中東湾岸協力会議（GCC）諸国との間でFTAが合意に達したほか、ロシア、ベラルーシ、カザフスタン、インドとの間でFTA

表１　ニュージーランドのFTA発効・署名・交渉状況

	FTA	発効日	ニュージーランドの貿易に占める構成比（2014）		
			往復	輸出	輸入
発効済み	オーストリア（CER）	1983年１月１日	14.2	16.4	12.2
	シンガポール（CEP）	2001年１月１日	3.0	2.0	4.0
	タイ（CEP）	2005年７月１日	2.6	1.6	3.4
	パシフィック４（TPP）	2006年５月１日	3.7	2.3	5.1
	中国（FTA）	2008年10月１日	18.7	20.6	16.9
	ASEAN オーストラリア（AANZFTA）	2010年１月１日	27.4	26.7	28.0
	マレーシア（FTA）	2010年８月１日	3.3	2.0	4.6
	香港（CEP）	2011年１月１日	0.8	1.5	0.2
	台湾（ANZTEC）	2013年12月２日	1.8	2.1	1.5
	韓国（FTA）	2015年12月20日	4.1	3.6	4.5
合意済み	湾岸協力会議（GCC）（FTA）	2009年11月２日	4.7	3.9	5.4
	環太平洋パートナーシップ（TPP）P12	2016年２月４日	41.4	39.4	42.7
交渉中	ロシア・ベラルーシ・カザフスタン		0.8	0.5	1.0
	インド（FTA）		1.1	1.3	1.0
	東アジア地域包括的経済連携（RCEP）		57.6	58.2	57.0

注：パシフィック４：ニュージーランド、シンガポール、チリ、ブルネイ。
資料：ニュージーランド統計局、外務貿易省の資料から作成。

締結に向けた交渉が進行中である。これらのEPA・FTAの締結によって、たとえば中国との貿易においては貿易額が2010年の100億ドルから2014年の186億6,500万ドルへと２倍近くに増加しており、ニュージーランドから中国への輸出額も３倍に増加し、今やオーストラリアを抜いて最大の貿易相手国になっている。

以上のように、ニュージーランドはアジア太平洋地域を中心に多くの国々との間で経済緊密協定と自由貿易協定の締結にとり組んでいるが、とりわけ2015年合意に至ったTPP（環太平洋パートナーシップ協定）のオリジナル・メンバーであることでも知られており、オーストラリア、シンガポール、ブルネイとの間で多国間FTA（パシフィック４）を締結（発効済み）し、TPP（環太平洋パートナーシップ協定）の締結に向けて主導的な役割を果たしてきたことは周知のとおりである。

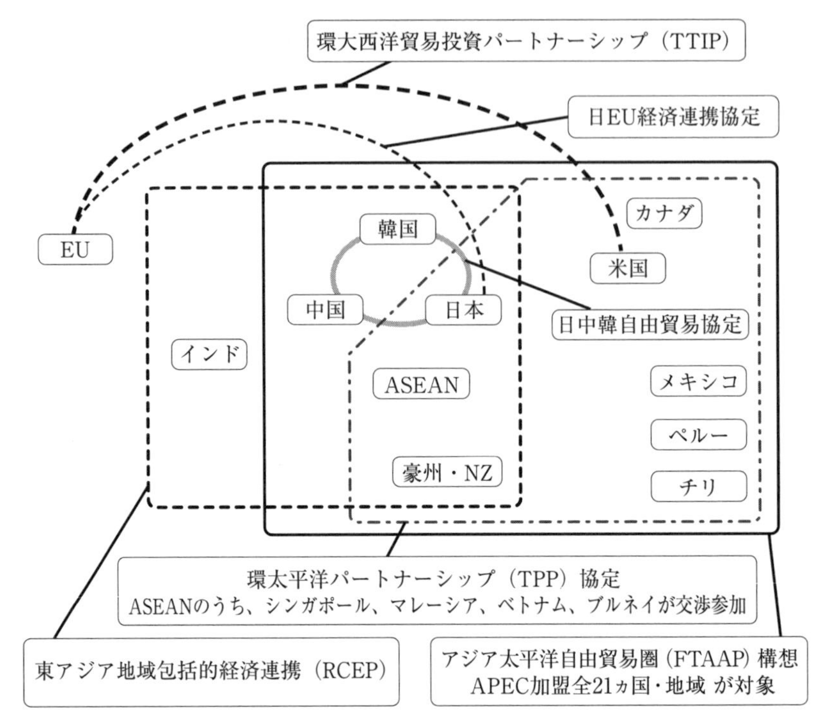

図１　オープンリージョナリズム

資料：下渡敏治「アジア太平洋地域における消費者の市場ニーズの開拓」。
2014年度日本ニュージーランド会議報告資料、原資料：ジェトロセンサー2013。

図１にはアジア太平洋地域における地域統合の枠組みを示した。ニュージーランドは環太平洋パートナーシップ協定のオリジナルメンバーであり、アジア圏と大洋州（オーストラリア、ニュージーランド）で構成する東アジア地域包括的経済連携協定（RCEP）も現在交渉が進められている。さらにAPEC加盟全21カ国・地域が参加するアジア太平洋自由貿易圏（FTAAP）にも積極的に関与し、同構想の発効を目指している。つまりニュージーランドはアジア太平洋地域で進展している主要な地域統合の構成国であり、これらの地域統合が締結されることによってニュージーランドの輸出市場は大きく拡大することとなり、これで見る限りワイン貿易の将来も明るいといえよ

表２　環太平洋パートナーシップ協定

環太平洋パートナーシップ協定	
英文名称	Trans-Pacific Partnership Agreement TPP
参加国・地域	ニュージーランド、オーストラリア、シンガポール、チリ、ブルネイ、日本、アメリカ、カナダ、メキシコ、ベトナム、ペルー
GDP 総額	28.1 兆ドル
人口	7 億 9283 万人

出典：JETRO ジェトロセンサー2012。

う。その一方で、これらの地域協定の構成国にはオーストラリア、アメリカ、カナダ、チリなどの新世界ワインの生産国が含まれており、中国、インド、日本などでもワインが生産されていることから、これらのワイン生産国間におけるワインの輸出競争が一段と激化することも予想されるが、地域統合によって関税が撤廃されることによってニュージーランドが享受する経済的メリットは大きいものと思われる。

そのひとつ環太平洋パートナーシップ協定（TPP）は2015年８月に大筋合意に至り、現在、協定発効に向けた詰めの協議がおこなわれている。TPPが発効すると、GDP総額で28.1兆ドル（世界のGDPのおよそ30%）、人口７億9,283万人の巨大経済圏が誕生することになり、ニュージーランドに大きな経済効果をもたらすことになる（**表２**）。

TPPの基本原則によると、TPP発効後10年間で協定参加国間の関税率が０%に引き下げられることとなり、市場アクセスが一段と容易になる。もちろん市場アクセス以外の貿易・投資から得られる経済効果も大きいものと思われるが、ニュージーランド政府は、投資家・国家間紛争解決（ISDS）条項、医薬品に対する知的財産保護などに関しては国内経済への影響を懸念して慎重な姿勢を取っている。二つ目は、ASEAN10カ国、中国、韓国、日本、オーストラリア、ニュージーランド、インドの16カ国が参加を表明している東アジア地域包括的経済連携協定（RCEP）である。RCEPは、2012年、カンボジアで開催されたASEAN FTAパートナーズ経済大臣会議に、中国、韓国、日本、オーストラリア、ニュージーランドにインドを加えた16ヶ国の経済担当大臣が出席し、RCEPの交渉開始に合意した。交渉中のRCEPが発効す

表３　東アジア地域包括的経済連携協定（RCEP）

東アジア地域包括的経済連携協定（RCEP）	
英文名称	Regional Comprehensive Economic Partnership
参加国・地域	ASEAN10ヶ国、日本、中国、ニュージーランド、韓国、インド
GDP総額	21.2兆ドル
人口	34億386万人

出典：JETRO ジェトロセンサー2012。

表４　2015年時点における主要地域圏・国の経済規模

	単位	ASEAN	ASEAN＋3	日本	アメリカ	EU	TPP（11ヶ国）	RCEP
名目GDP	10億ドル	3,129	21,798	6,324	17,768	17,518	24,420	26,209
GDP（PPP）	10億ドル	4,398	27,780	4,993	17,768	12,459	24,847	34,952
1人あたりGDP	ドル	4,853	9,928	49,900	54,952	34,662	35,590	7,497
人口	100万人	645	2,196	127	323	505	686	3,496
世界のGDPに占めるシェア		3.8%	26.4%	7.7%	21.5%	21.2%	29.6%	31.7%

資料：IMF 世界経済見通し（2012年10月）。

ると、域内人口34億386万人、GDP総額21.2兆ドルのTPPに次ぐ２番目の巨大な貿易経済圏がアジア大洋州地域に誕生することとなり、その経済効果は計り知れない（**表３**）。

次の**表４**は2015年時点における主要地域圏・国の経済規模を示したものである。**表４**からも明らかなように、TPP、RCEPの二つの経済圏は人口規模、経済規模でEUを上回っており、現存する世界の地域経済圏として最大規模の貿易経済圏が誕生することになる。輸出経済に大きく依存するニュージーランドにとって新たな輸出市場を獲得し、それによって大きな経済効果が期待できることは言うまでもない。ニュージーランドのワイン産業にとってもこれらの巨大市場へのアクセスが一段と容易になり、ワインの輸出に追い風となる可能性が高いといえよう。

３．主要輸出先国におけるワインの基本指標

表５は主な輸出市場におけるワインの基本指標を示したものである。

表5　主な輸出市場におけるワインの基本指標：2014

	イギリス	アメリカ	オーストラリア	中国
1人あたりのGDP（$USドル）	45,653	54,596	61,219	6,629
ワインの総消費量（百万ℓ）	3,070	1,260	550	1,580
1人あたりのワイン消費量（ℓ）	19.5	30.7	20	0.6
ワインの輸入量（百万ℓ）	1,401	963.5	85	460

資料：https://zh.wikipedia.org/wiki/
http://www.statista.com/statistics/266165/wine-consumption-worldwide-by-selected-countries/
USDA, Gain Report Wine Annual Report Australia 2015
USDA, Gain Report Wine Annual Report EU28 2015/12/14

ニュージーランドは政治的にも経済的にも旧宗主国イギリスと隣国オーストラリアとの関係が深く、さらにアメリカや地理的に近いアジア諸国との経済関係が深化している。1人当たりの国民所得（GDP）で見ると、イギリス45,653ドル、アメリカ54,596ドル、オーストラリア61,219ドル、中国6,629ドルとなっており、オーストラリアの所得水準が最も高い。ワインの総消費量はイギリスが3,070百万ℓで最も多く、中国1,580百万ℓ、アメリカ1,260百万ℓ、オーストラリア550百万ℓの順となっており、人口規模の小さいオーストラリアの消費量が少ないことがわかる。しかし一人当たりのワインの消費量で見ると、アメリカ30.7ℓ、オーストラリア20.0ℓ、イギリス19.5ℓ、中国0.6ℓとなっており、中国の一人当たりのワインの消費量がまだまだ低い水準にあることがわかる。一方、ワインの輸入量で見ると、イギリス1,401百万ℓ、アメリカ963.5百万ℓ、中国460.0百万ℓ、オーストラリア85.0百万ℓとなっており、4カ国の中では唯一ワインを生産していないイギリスの輸入量が最も多く、巨大人口を有する中国の潜在的なワインの輸入可能性が高いことを示している。

4．ニュージーランドワインの貿易構造とその変化

2000年代半ば以降のニュージーランドの対イギリスへのワイン輸出はニュージーランドのワインの総輸出額の中で最大となっており、旧宗主国で

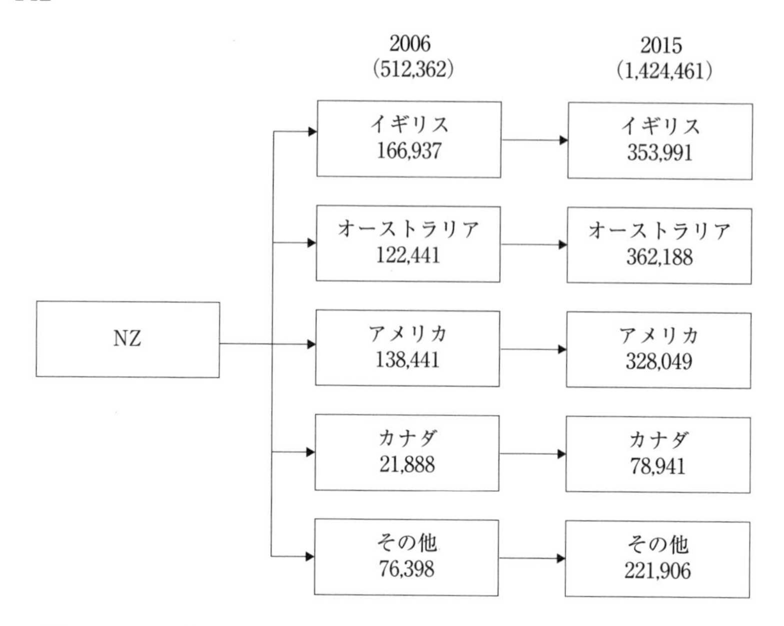

図２　ニュージーランドにおける主要輸出先国別ワインの輸出金額の変化（単位：百万ドル）

資料：New Zealand Winegrowers Annual Report 2015.

尚且つワイン生産国でないイギリスがニュージーランドワインの最大のアブソーバーであったことを示している。2006年と2015年の二つの時点をベンチマーク年としてイギリス、オーストラリア、アメリカ、カナダ、その他の５つに分けてワイン輸出額の変化を表したのが**図２**である。ニュージーランドのワインの輸出額は2006年の512,362百万ドルから2015年の1,424,461百万ドルへと2.7倍に大きく増加しているが、輸出先の中ではオーストラリアが2006年の122,441百万ドルから2015年の362,188百万ドルへとニュージーランドワインの輸入を2.9倍に増やしている。次に輸入を増やしたのがアメリカであり、2006年にはイギリスよりも少ない138,441百万ドルだった輸入額が2015年には328,049百万ドルへと2.3倍に増加している。かつてはニュージーランドワインの最大の輸入国であったイギリスは2006年の166,937百万ドルから2015年の353,991百万ドルへと2.1倍に輸入を増やしており、依然としてオーストラリアに次いで第２位の輸入国の地位を維持しているものの、嘗てのような大きな輸入の増加は見られない。イギリスに代わって、近年ニュージーランドワインの輸入量を大きく伸ばしているのが、カナダやオランダ、中国などの国々であり、そのひとつカナダは輸入のボリューム自体はオーストラリア、イギリス、アメリカに比べて小さいものの、2006年の21,888百万ドルから2015年の78,941百万ドルへと3.6倍に輸入額を増やしている。オランダ、中国、フィンランド、香港、台湾、韓国、日本などの15カ国以上が含まれるその他の国々への輸出も大きく増える傾向にあり、2006年の76,398百万ドルから2015年の221,906百万ドルへと2.9倍に輸出額が増加している。これらの結果、2006年には83.9％を占めたイギリス、オーストラリア、アメリカの三大輸入国のニュージーランドワインの総輸出額に占める割合は2015年には73.3％へと10.2ポイント低下しており、ワインの輸出に変化が生じていることが判る。

つまりそれは、この10年間に、ニュージーランドワインの輸出先の多元化が進んだことを意味しており、今後もTPPやRCEPなどの地域統合の進展によってニュージーランドワインの輸出市場がこれまで以上に多元化してゆく可能性を示唆している。とりわけ急速な経済発展を背景に、ワインの需要が伸張しているアジア新興国を中心に輸出先の多元化が進展してゆくものと思われる。

5．ニュージーランドワインの貿易フロー

図３に、ニュージーランドとオーストラリア、アメリカ、イギリス、カナダ、オランダ、アジアの５カ国１地域間におけるワインの輸出フローの増加額を示した。当初は関係国間相互のワインの輸出入の貿易フローを算出する予定であったがデータの入手が困難であったり、当該国においてワインに輸出と輸入の相互貿易の実績が見られなかったことなどの理由から、ここではニュージランドと輸出先国への輸出フローの変化だけに限定せざるを得な

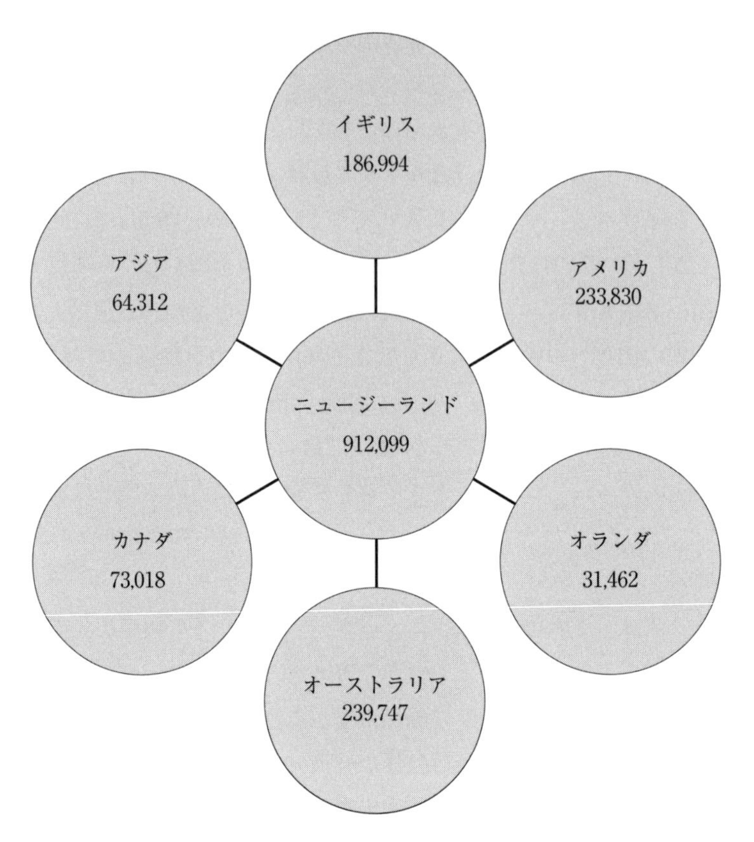

図３　ワインの貿易フローの増加額：2006-2015　（単位：百万ドル）

資料：New Zealand Winegrowers Annual Report 2015.

かった。2006年と2015年を比較して最も輸出額が増加したのはオーストラリアで239,747百万ドル、次に輸出が増加したのがアメリカで233,830百万ドル、３位のイギリスは186,994百万ドル、カナダは73,018百万ドル、オランダは31,462百万ドル輸入を増やしている。そして近年、ニュージーランドワインの輸入が増加傾向にあるアジア市場向け輸出も64,312百万ドル増加している。オーストラリア、アメリカ、イギリスはニュージーランドワインの三大輸出市場であることから、輸入が増えても別に不思議はない。オランダ、カナダ

表6　アジア太平洋地域における消費指数の実質成長率：単位、％

	2004	2012
日本	126.0	103.8
中国	132.0	293.8
台湾	111.9	127.3
香港	109.8	168.2
韓国	103.7	141.2
フィリピン	126.2	176.7
ベトナム	136.9	246.4
タイ	121.2	164.6
マレーシア	102.2	227.5
シンガポール	117.7	140.6
インドネシア	136.9	246.4
オーストラリア	114.3	142.4
ニュージーランド	117.7	140.6

資料：Consumer Asia pacific and Australasia 2014
注：2000年＝100

でニュージーランドワインの輸入が大きく伸びている理由は、これらの国々でニュージーランドワインが認知されたことと、その高い品質面にあるものと思われる。アジア市場でニュージーランドワインの需要が伸びたのは地理的に至近であることに加えて、経済発展によって豊かさを増したアジアの消費者がこれまで口にすることのなかったワインを消費する習慣が生まれたことにあると思われる。こうした傾向は今後ますます拡大してゆくものと思われる。

参考までに、**表6**にアジア太平洋地域における消費指数の実質成長率を示した。唯一、成長率が低下している日本を除いていずれの国も消費指数が高い伸びを示していることがわかる。2012年時点でもっとも消費指数の成長率が高いのが中国の293.8％で2004年の2.2倍、以下、ベトナム、インドネシアの246.4％（同1.8倍）、マレーシアの227.5％（同2.2倍）、フィリピンの176.7％（同1.4倍）、香港の168.2％（同1.5倍）、タイの164.6％（同1.3倍）、オーストラリアの142.4％（同1.2倍）、韓国の141.2％（同1.3倍）などとなっている。とりわけ高い経済成長が続いている中国、ASEAN諸国において購買力が大きく高まっていることが窺える。

6．おわりに

ニュージーランドのワイン貿易は長年イギリス、オーストラリア、アメリカの三大市場を軸に動いており、この三カ国への輸出割合が総輸出額の７割程度を占めてきた。しかし近年になって、ニュージーランドワインの輸出市場は徐々にではあるが輸出先の多元化が進展しつつあり、輸出市場に変化が起きていることが判る。しかし依然としてオーストラリア、イギリス、アメリカの三大市場への輸出が高い割合を占めており、この三大輸出市場に加えて新興市場の開拓が重要な課題になっている。急速に進展しつつあるTPPなどの地域統合は、今後さらにアジア太平洋地域の貿易自由化と市場開放を促し、ニュージーランドのワイン産業にとってワインの輸出拡大のチャンスとなろう。もとよりアジア太平洋市場には旧世界ワインに加えてオーストラリア、アメリカ、チリ、南アフリカなどの新世界ワインが次々に参入し、熾烈な市場争奪競争が展開されることは避けられない。アジア市場は商慣習や食文化などの面でヨーロッパやアメリカとは性格の異なる市場である。アジア市場へのワイン輸出を成功に導くには、アジア人の嗜好や商慣習を熟知する必要があり、多様化した現地消費者のニーズを的確に把握し、戦略的な輸出マーケティングを展開することが必要である。

第9章

ワイン産業と政府の政策

1. はじめに

ニュージーランドのワイン産業は、国際協定などのさまざまな経済的条件、国内市場におけるワイン消費の限界といった制約のもとで、いかにして持続的な発展を実現してゆくかを考えなければならない環境に置かれている。そしてそれはワインという商品を通してニュージーランドの産業社会のあり方を問うことにもなるであろう。しかしこの問題に立ち向かうにはあまりにもわれわれの準備が不足している。以下では、このような問題意識を持ちながら、とりあえずワイン法に焦点をあてて、ニュージーランドのワイン産業の政策的なフレームワークと規制や保護の状況を中心に検討してみたいと思う。次の第2節では、ワイン法の特色と目的、制度の概要を整理し、隣国オーストラリアと同一の基準になっている「食品基準」の内容にも若干触れる。第3節では、ニュージーランドの重要な農業戦略である貿易政策について検討し、第4節ではワインに関する政策的な課題に言及しておきたい。

2. ニュージーランドワイン法の特色

2003年に制定されたニュージーランドの「ワイン法（New Zealand Wine Act 2003)」は、経済的な結びつきの強い隣国のオーストラリアの食品基準（Australia New Zealand Food Standards Code 1991）（以下「食品基準」と略す）にも適用可能な共通の基準になっている点に大きな特徴がある。

1）ワイン法の対象とワインの定義

ニュージーランドのワイン法は、ワイン及びブランデーを対象としたものであり、ワインとは、「新鮮なブドウもしくは新鮮なブドウのみから造られる産品であり、完全なあるいは部分的発酵によるアルコール飲料」と定義されている。ワイン法にはアルコール分に関しての規定はないが、「食品基準」にはアルコール度数が８度以上のものと規定されている。さらに「食品基準」には、「果実ワイン」とともに、「野菜ワイン」も「ワイン」として記載されており、これらも「ワイン」として使用することが可能である。また「新鮮なブドウ」とは、水分を60％以上含んだブドウと規定されている。

2）ワイン法の目的

国際市場に大きく依存したニュージーランドのワイン法はワインの輸出の振興と管理を第一義的な目的としており、さらにワインおよび関連商品の消費拡大を目的としている。ワイン法の目的は以下の５つに集約される。すなわち、

①ブドウ産品の輸出を促進し管理すること。
②ブドウ産品の輸出後の販売と流通を促進し、管理すること。
③ニュージーランド国内でのブドウ産品の取引を促進すること。
④ブドウ産品の生産の改良と消費を促進すること。
⑤ニュージーランドがワイン貿易に関する国際協定とその他の国際合意を確実に遵守すること。

これらの目的達成のための具体的な施策の推進に関する権限を全面的に政府機関のひとつである公社に付与するものとし、公社は法令には従わなければならないが、原則的に具体的な施策の運営に当たっては政府の指示は受けないことになっている。

３）適正ラベル計画（Label integrity program）

この計画は、ニュージーランドで生産されるワインのヴィンテージ、品種及び地理的表示が適正であることの信頼性を高めることを目的としており、その内容は、ワイン関係業者に対する記録義務（トレーサビリティ義務）、公社が任命する検査官の立入検査を含む検査、公社の関係業者に対する資料要求権限である。ただし、この計画はニュージーランド産のワインのみに適用されており、公社が全面的に管理している。Label integrity programは、ニュージーランドで生産されるワインのヴィンテージ、ブドウの品種又は地理的表示又はその他の商業目的でおこなわれる表示が適正であり、嘘偽りのないものであることの評価を得ることを支援することによって、ワイン法の目的を達成することにある。

①ワイン産品であるブドウを栽培する者

②ワイン産品を生産する者

③ワイン産品を供給するか受取る者（卸売業又は小売業としてワイン産品を販売する者もしくは輸入する者を含む）

④ワイン法の規則によって指定された者

⑤①～④に掲げられた者のためにワイン産品を所有する代理人

ニュージーランドでは、食品のラベル表示に関する法律が別に定められており、その中に生産地、ブドウの品種名、収穫年などの記載が義務付けられている。すなわち、ラベルに必要な記載項目は、

①収穫年

②生産者名

③品種名

④産地名

である。

4）ワインの分類と表示規定

◎ヴァラエタルワイン　ブドウ品種名の表示

①地名：同一地域内で収穫されたブドウを85%以上使用すれば表記可能

②品種名：85%以上の同一品種のブドウを使用していれば表記が可能であり、複数の品種を表記する場合には、使用量の多い順に表記しなければならない

③収穫年：同一収穫年度のブドウを85%以上使用したもの

◎テーブルワイン

複数のブドウ品種をブレンドした品種名を表記しない普及ワイン

5）ワインの表示に関する規定

ニュージーランドワインの地理的表示や伝統的表現などの保護に関してはワイン法に規定しており、ワインの品種表示、ヴィンテージ表示、地理的表示などワインに特有の表示はワイン規則で規定している。アルコール度数の表示などその他の食品と共通する表示基準は「食品基準」に規定されており、ワインの表示基準はいくつかの法令によって規定されている。2006年には、ワイン及びスピリッツ類に関する地理的呼称（GI）法が成立した。

6）食品基準による表示義務

ワイン法やワイン規則では、表示に関しては品種、ヴィンテージ、地理的表示、伝統的表現などのワインに特有の事項しか規定されておらず、アルコール容量に関する表示、二酸化硫黄含有に関する表示などの表示義務については別途「食品基準」で定めている。この「食品基準」は輸入ワインについても適用される。これらの表示義務の内容で他の国と異なるものは、①アレルギー表示の一環として、卵や牛乳を「清澄」のために使用した場合には、「卵使用」や「牛乳使用」と表示しなければならないこと、②10gの純アルコールを基準（1drink）とする基準飲酒量（standard drink labeling）を表示し

なければならないこと、③ガラスびん以外の容器を使用し2年以内に消費期限を迎えるワインには賞味期限を表示しなければならないことなどがある。

7）ワインの販売及び輸出または輸入に関する規定

ワインの輸出振興と輸出用ワインの適正な管理を重視しているニュージーランドでは、ワイン規則において公社による厳格な輸出管理の内容を定めている。まずワインの輸出に当たっては輸出免許が必要であり、具体的な輸出に当たっては、輸出許可証（輸出証明書）が必要となる。公社は輸出業者に指示を与えたり、輸出相手先などに対して輸出量を指定することができる。さらに必要な資料の提供を求めることができる。

輸出管理については：

(1) 輸出免許の供与

①NZFSA（ニュージーランド食品安全局）は、輸出事業者の申請に基づき、要求事項を精査して、申請者に対してブドウ産品のニュージーランドからの輸出免許（license）を付与することができる。

②免許の有効期間は3年以内で免許に特定された期間内の利用が有効であり、更新することが可能である。

(2) 輸出の条件

①以下の条件を満たしていなければ、ブドウ産品の輸出は禁止されている。すなわち、輸出業者は輸出免許が必要である。

②輸出産品が免許所有者に与えたNZFSAの指示に従っていること。

③出産品が商品として販売できるものであること。

④免許所有者がNZFSAに対して輸出産品の見本及びラベルを提供していること。

⑤NZFSAがその輸出産品に対して輸出許可書（certificate）を与えていること。

⑥ブドウ産品の輸出量が別に定める少量の場合は、この規定は適用されない。

(3) ワイン輸出の条件と食品基準

①ブドウ産品が「オーストラリア・ニュージーランド食品基準」を満たしていなければ輸出することはできない。

②ただし、NZFSAが承認した場合には、特定の事項に関して輸入国の条件に合致し、尚かつ、「食品基準」を満たしていないことがニュージーランドのブドウ産品の評価を下げない場合においてのみ、上記の「食品基準」を満たしていなくても輸出することが可能である。

③上記に関する承認は、非準拠の事項及び他の事項に関しては「食品基準」に準拠していることを記載した書面によっておこなわれる。

(4) 第7条　輸出許可証 (Certificate)

①輸出免許の所有者はブドウ産品の輸出について公社に対して輸出証明書の発行を申請することができる。

②この手続きは、輸出の10日前までに申請しなければならない。

8) ワインの製造基準

ワインの製造基準は「食品基準」に定められている。この「食品基準」は輸入ワインにも適用される。しかし、国際協定によって輸出国の製造基準が合意されている場合は輸入ワインについてはその基準が適用される。

「ワイン産品」とは、次のものをいう。

(a) ワイン又は、

(b) ワインの生産のために使用されるブドウあるいはブドウ抽出物。

「ヴィンテージ」とは、次のものをいう。

* ブドウに関しては、ブドウが収穫された年次。
* ワイン又はブドウ抽出物については、そのワイン又はブドウ抽出物が製造又は取得されたブドウが収穫された年次。

9）ニュージーランド食品安全局（New Zealand Food Safety Authority, NZFSA）の役割

(a) ニュージーランド産のブドウ産品や食品の輸出促進とその管理
(b) ニュージーランド及び海外におけるブドウ産品と食品の消費及び販売促進活動
(c) ニュージーランドにおけるブドウ産品と農産品の品質と生産性の向上
(d) ブドウ産品の販売に関する研究の実施及び調整業務と支援活動
(e) ワイン法又はワイン規則によって公社に与えられたブドウ産品に関する役割以外の役割

ニュージーランド国内の規格は取引先との等価交渉を実施するための基準として使用される。これは食の安全性を実施していない場合に罰則を課することができ、過剰な輸入国の条件を最小限に抑えることが可能となる。この法律は、食品セクターの規制プロセスのインターフェースを改善するために、1981年に制定された食品法1981（Food Act 1981）及び、1974年に制定された「食品衛生規則（Food Hygiene Regulations 1974)」、1999年制定の畜産製品法（Animal Products Act 1999）の3つの制度を2003年に制定されたワイン法（WineAct 2003）に統合して改正されることになった。

10）オーストラリア・ニュージーランド食品基準（Australia New Zealand Food Standards Code 1991）とワインとの関係

ワインの義務表示及びワインの製造基準は輸入ワインにも適用される。

(1) 表示義務

食品基準第1.2.2、第1.2.3、第1.2.5、第2.7.1などは、ワイン以外の食品・飲料にも適用される共通の基準である。

(2) 産品の種類名の表示（第1.2.2）

産品の種類名を表示しなければならない。「ワイン」と表示する場合には、ワイン法及び食品基準で定められた定義に合致していなければならず、水や

色素などを添加したワインは、「ワインをベースとした飲料（“Wine Based Beverage”）」と表示しなければならない。

(3) 供給業者の名前と住所の表示（第1.2.2）

ワイン供給業者の氏名と住所を表示しなければならない。

(4) 原産国表示（第1.2.2）

食品の原産国を表示しなければならない。「Wine of New Zealand」又は「New Zealand Wine」は地理的表示であり、原産国表示ではない。また、輸入ワインとのブレンドしたワインはワイン法第19条に基づいて「ニュージーランド10%、オーストラリア90%」などのように表示しなければならない。

(5) ロット番号の表示（第1.2.2）

ロット番号を表示しなければならない。ロット番号は食品安全確保のために義務付けられており、事故が発生した場合に同一のロット番号の商品はすべて回収しなければならない。ロット番号は「L9330」や「330th day of 1999」のように表示される。

(6) アレルギー物質の表示（第1.2.3）

すべての食品（ワインを含む）についてグルテン及びそれを含む物質、甲殻類及びそれらを含む物質、卵及び卵製品、乳及び乳製品、ナッツ、ごまの種、落花生、大豆及びその製品、二酸化硫黄が10mg/kg以上含まれる商品、ロイヤルゼリー、蜂花粉並びにプロポリスが含まれる場合には、それが含まれることを開示（declaration）しなければならない。ワインに関しては「清澄」のために卵白を使用した場合には、「卵」と表示しなければならなくなっている。

11）ニュージーランド以外の新世界ワインの法的規制

以上、ニュージーランドにおけるワイン法の概要と規制と管理の内容についてその概略を紹介した。ワインは、アルコール飲料であるがゆえに世界の多くの国々において厳しい規制と課税が実施されており、ラベル表示、アルコール度数、取引制限、ワインの製造方法、必要書類の記載と保管、流通や輸出等に関して様々な法的措置が講じられている。規制や管理の内容は国によって温度差があり、アルコール飲料の歴史的な経緯や食文化、宗教などの違いによっても飲酒や規制の内容が異なっている。

たとえば、ニュージーランドとともに新世界ワインの生産国として知られるアメリカでは、19世紀にアルコール類の販売を禁止した「禁酒法」以来、アルコール飲料に対する規制や課税が実施されており、現在でも「禁酒法」修正第21条第２項によって「州政府が州域内のアルコール飲料を規制し、管理する絶対的な権限を有しており、これに対して連邦政府は干渉しない」という立場を取っている。このため、全米の半分の州では消費者がワインを注文し宅配させることができるのに、残りの半分の州では許可されないといった問題があり、酒類の三段階構造とともに酒類業界を混乱させている。さらに米国財務省酒類・タバコ税貿易管理局（TTB: Alcohol and Tobacco Tax and Trade Breau）および州のアルコール飲料管理局の管理の下で、アルコール飲料の取り扱い許可や保税ワイナリー基本許可を得ている業者に対する管理や規制が実施されている。同じ自由主義経済圏であってもアメリカやカナダにはアルコール飲料の法的必要条件を満たすための複雑な仕組みがあり、州政府やカナダの場合には酒類管理委員会によって管理されている。一方、オーストラリアやニュージーランド、チリ、アルゼンチンなど新世界ワイン生産国の規制はアメリカやカナダのように厳しくはない。チリは輸入品に課税をおこなっており、南アフリカでは輸入関税とともに許認可とラベル表示に関する制限規定が設けられている。またグローバルな展開を指向するアメリカのワイン製造企業は新世界ワインの生産国にジョイントベンチャーによって進出しており、ジョイントベンチャーという投資形態を採用することによって進出先国における文化的な障害や法的規制に旨く対応している。さらに欧州諸国における「地理的ブランド表示」、アメリカの「バイオテロ法とその関連規制」などがワインの国際貿易上の貿易障壁になっているとの指摘もあり、アルコール飲料という性格上ワインの取り扱いをめぐる各国の対応はそれぞれの国の置かれた社会経済的背景、文化の違いなどによって一律ではない。

３．ニュージーランドの農業戦略

ニュージーランドの農産品は国際市場に大きく依存している。農業・食料セクターのGDPに占める割合は生産額で４％程度、雇用で７％程度であるが、輸出額に占める農産品の割合はおよそ７割に達しており、とりわけ食肉、乳製品などの畜産物が輸出のおよそ４割を占め、青果物（野菜･果実)、ワイン、水産物、林産物などの輸出も順調に伸びている。ワインは酪農品などの畜産物に比べて輸出全体に占める割合はそれほど大きくはない。しかしワインは近年急速に輸出を伸ばしており、酪農品や林産物に次ぐ輸出品目に成長している。ワイン法にも明記されているように、国内市場に限界のあるニュージーランドワインが重要な販路として国際市場を必要としていることは周知の事実である。このために、ニュージーランド政府が国際交渉の場を利用して、つねに輸出先国の輸入規制の廃止や緩和を求めてきたのはこうした側面を反映したものといえるし、今後もこうした活動を試みるであろう。

酪農品などの農産品はもともとニュージーランドの比較優位商品である。生産能力をフルに発揮すればさらなる輸出拡大が可能となろう。これには、むろん国際市場の輸入需要の動向が重要な役割を担うことになる。ニュージーランドの農業戦略の重要な柱は、欧米諸国やアジアの市場をニュージーランドに開放させることであってケアンズ・グループの一員として農産品貿易の自由化を強く主張している（註１)。ニュージーランドはWTO交渉を通じた多角的貿易自由化が最善の方法であるという立場を維持しつつも、WTO農業交渉が膠着状態に陥っていることもあって、TPP（環太平洋パートナーシップ協定）やRCEP（東アジア地域包括的経済連携協定）などの地域協定に加えて二国間の貿易交渉、自由貿易協定の締結に積極的に取り組んでいる。既に隣国オーストラリア、シンガポール、タイ、中国などとの間で経済緊密化協定や自由貿易協定を締結し、懸案であったTPPや韓国との協定が合意に達するなど自由貿易の枠組みを着実に拡げつつあるといえる。同時に、ニュージーランド政府は積極的に自国の輸出制限や輸入制限も撤廃しており、輸出品に対する価格調整もおこなっておらず、国家貿易企業（STEs）の改革によって公的な規制による影響はなくなっている。ただしキウイ・フルーツのみゼスプリ・グループ（ZESPRI Group Limited）が輸出独占権を維持している。

したがってニュージーランドでは輸入に関しても制限がなく、輸出許可制に関しても規制がほとんど廃止されている。ただし、ニュージーランドの農業貿易において重要な位置を占める動植物製品については、いくつかの規制が設けられており、とりわけ重要性の高い「食品安全」、「バイオセキュリティ」、「遺伝子組み換え食品」、「環境問題」に関してはそれぞれ政策を設けて規制や振興策を実施している。

以上のように、国内市場に制約のあるニュージーランドの農業戦略は交易条件の有利化という経済的利益を追求しながら、他方では自国の市場を外国に開放するという戦略を同時並行的に推進しているといえる。ニュージーランドは農産品以外の海外依存度が高く、農産品輸出によって経済を運営している関係上、自由貿易によって大きな利益を引き出す立場にある。したがって、自由貿易体制の進展が頓挫すれば最も大きな打撃を受ける国のひとつがニュージーランドである。ニュージーランドは自由貿易の推進国であり、自由貿易の枠組みづくりにイニシアティブを取るべき立場にあり、さらなる国際経済秩序の形成に向けて貢献することが求められているといえる。

４．ワインに関する政策とその課題

ニュージーランドのワイン産業は、産業としてこれから本格的に発展する産業であり、国際市場での需要条件の変化に応じて激しく変化してゆく可能性がある。このように絶えず変化する市場においては、経済条件や市場条件の変化が消費者の選好にも影響し、それが生産者であるワイン製造企業にも影響を与えることになる。したがって、市場の変化が適切に生産者であるワイン製造企業にフィードバックされ、ワイン生産に活かされることが重要である。ワインに関する政策の基本は、こうした情報伝達の流れを阻害する要因を排除することが重要であり、さらにワイン流通における支配といった要因を取り除くことが大切である。幸い、ニュージーランドは社会経済的な面での公正公平を最も重視している国家であり、自由競争が貫かれていると言ってよい。しかしながら、第6章のワイン・クラスターでも触れたように、自由競争（市場原理）だけに任せておけばいいということだけでなく、時に政府がワイン産業や市場（原料生産やワイン生産）に関与することも必要である。とりわけ、食品安全に関わる添加物の規制や物流（Logistics）の合理化や過剰広告の規制などによって適正な情報を消費者に伝達することも政府の役割である。

ニュージーランドのワイン産業では、ワイン生産の大規模化が進展し、企業の買収、合併吸収などによる業界再編が進展しつつある。国際市場での輸出競争に勝ち残るには規模の経済の利用による一定の輸出ロットの確保とコスト削減が必要であり、このために大手ワイン製造企業による寡占化が進むことは避けられないが、どの程度まで寡占化を容認するのかも重要な政策課題であるといえよう。ソーヴィニヨン・ブランがナショナル・フラッグとして国際市場で高く評価されていることはニュージーランドのワイン産業にとって好ましいことであるが、その一方で、規模拡大によるワインの工業的な生産がワインのマクドナルド化すなわち画一的なワインを消費者に押しつけるワインのグローバリズムに繋がらないかという問題がある。

ニュージーランドのワイン産業の特質は多品種少量生産にあり、現在でも10のワイン産地において個性的なワイン生産が維持されている。この希少なワイン生産を維持発展させることももうひとつの重要な政策課題である。寡占化が進展する市場構造の下で、ニュージーランドの多くのワイン産地では伝統や自然環境を重んじて多様性を維持していこうとする小規模ワイン製造企業を中心とした「テロワール」によるワイン生産が維持されている。つまり、ニュージーランドのワイン生産は世界市場を相手にしたグローバリズム的なワイン生産を前提としながらも、ワイン生産に各々のワイン産地の自然環境や伝統を活かすという「グローカル化」の途を模索しているようにも見られる。

最後に、クラスターとワイン政策の関連に触れておこう。ポーター教授は「政府による産業の競争能力に貢献する政策の実施も自由競争を容認する自由市場論者の双方の考え方は誤りであり、政府の立場として正しいのは、触媒であり、挑戦者である。企業がより高いレベルの競争力をめざすのを奨励し推進するのが政府の役割である」と述べている。つまり競争力のある産業を作りだすのは政府ではなく企業であり、政府の役割は脇役であり、産業の生産性とその成長を阻むさまざまな制約、阻害要因を排除することにあるとも述べている。

こうしたクラスター理論から見たニュージーランドのワイン・クラスターはマールボロの事例で見る限りでは、ポーターのクラスター理論の通説とは異なって「政府主導型」のワイン政策が取られているといってよい。その背景には、政府によるワイン産業の振興策が酪農業などの畜産業に大きく傾斜してきたニュージーランドの産業構造の多角化を推進するうえで、政府の強い関与が必要であるとの認識に基づくものと推測される。

（註１）ケアンズ・グループとは、WTOで活動する農産物貿易の自由化を主張する交渉グループであり、GATT UR直前の1986年５月にオーストラリアのケアンズで会合を開いたことから「ケアンズ・グループ」と呼ばれるようになった。現在の参加国は、オーストラリア、ニュージーランド、タイ、フィリピン、カナダ、チリ、ブラジル、アルゼンチン、パラグアイなど18カ国の農産物輸出国で構成されている。

終章

ワイン産業の展望と課題

ニュージーランド経済は概ね安定的に推移しており、2～3％台の成長を維持している。第5章、第8章でも触れたように、酪農品やワインや青果物などの農産品の輸出が順調に伸びていることがその背景にある。かつてはイギリスなどのヨーロッパ諸国に大きく依存してきたニュージーランド経済も今ではアジア太平洋地域と密接な関係にあり、シンガポール、中国、韓国などとの間で経済緊密化協定や自由貿易協定が締結されたことも貿易拡大による経済発展を後押ししているといえる。2000年代に急速な成長を遂げたニュージーランドのワイン産業は、世界のワイン産業の規模から見ると小さな存在であり、ワイン産業をニュージーランド経済の中にどのように位置づけるかは重要な課題である。

終章の目的は本書各章の知見を総括するとともにワイン産業の今後の展望を示すことであるが、ここでは各章の総括は最小限にとどめ、ワイン産業に関わる主要な変化と、ワイン産業が今後取り組まなければならないいくつかの課題に触れておくことにする。

まず第1の変化は、ワイン市場とワインの需要に生起している変化である。第2の変化は、消費者の健康志向とワインの品質、環境問題に関する関心の高まりである。第3の変化は、グローバルなワイン市場の生成・発展である。世界のワイン市場に生起しているこれらの新たな変化に対して、ニュージーランドのワイン産業は今後どのような対応を求められているのか、①消費社会の変化、②グローバル競争、③産業構造、④持続可能なワイン生産の4つの課題に焦点を絞って論及しておきたい。

序章で、われわれはニュージーランドにワイン産業が成立した歴史的経緯を整理し、時代とともに、ニュージーランドのワイン産業を取り巻く経済環境や市場条件が急速に変化し、さまざまな問題や現象を生起させていることに触れた。そしてこうした変化を踏まえて、ワイン産業の課題と展開方向について試論的なフレームワークを提示することが本書の目的であることに言及した。多品種少量生産と二極化と持続可能性は、ニュージーランドのワイン産業を特徴づける大きな特徴である。多品種少量生産とは、20種類以上の原料ブドウを使用したワインの生産であり、北島と南島に分散立地した10のワイン産地毎に、各々の産地のテロワールを活かした個性的なワインが造られている。ニュージーランドワインは、ワイン醸造所内に設けられたCellar Doorやインターネット販売などによって、国内市場と国際市場に出荷され多くの消費者の支持を得ている。二極化とは、ワイン生産を担っている大規模ワイナリーと小規模ワイナリーの併存、画一的なワイン生産と多様性に富んだワインの生産、グローバル化とローカル化、単一商品の生産と複数商品の生産などを指しており、現在と将来のワイン産業の発展方向を規定する重要な要素となっている。

一方、持続可能性は、ニュージーランドのワイン生産の将来を展望する上で極めて重要な要素のひとつである。環境問題への対応を軸にした持続可能なワイン生産は、競争が激化している世界のワイン市場において、ニュージーランドワインが他のワインとは異なる独自の地歩を築くために必要不可欠な要件になるように思われる。以下では、本書で取り上げたいくつかの課題とそれへの対応について論じることにする。

消費社会の変化とワイン産業

本書のいくつかの章でも触れたように、ニュージーランドのワイン産業は国際市場を軸に展開している。この国際市場の需要なしにはニュージーランドのワイン産業は成立しないといっても過言ではない。いま世界の消費市場は大きな変化の時代に遭遇している。先進諸国の消費需要が軒並み飽和状態に達しているのに対して、経済成長が顕著な発展途上国では所得の向上とともに穀類の消費が大きく低下する一方、肉類や乳製品、油脂、果実、野菜、嗜好品などの消費が大きく増大している。宗教や生活習慣、食文化などの影響を受けるアルコール飲料は国によって消費に大きな開きが見られるが、多くの国々において所得の増加とともに、ワインの消費も増加傾向にある。ニュージーランドから地理的にも近いタイ、マレーシア、ベトナム、カンボジア、フィリピン、そして巨大人口を擁する中国やインドなどのアジア諸国では、都市部を中心に食生活に大きな変化が起きている。これらの新興国においてワインの需要が増える傾向にあり、これまで先進国が経験してきた歴史的経緯からみても、多くの発展途上国において今までワインを口にしたことのなかった人達が好んでワインを消費する可能性が高まっているといえよう。

その一方で、世界の多くの消費者が環境問題や食品の安全性、肥満や動物福祉や児童労働、企業の社会的責任といった倫理的な問題に関心を持つようになっており、提供されるワインが環境にやさしい方法で造られた商品であるかどうか、健康的かどうか、安全性を損なう添加物などが使用されていないかどうか、政府やワイン関連企業は消費者に対して原料ブドウ生産とワインの製造過程や流通過程に関する正確な情報を公表しているかどうかといった点が問われるようになっている。消費者はこうしたいくつかの評価基準を満たすワインを求めるようになっており、原料生産農家やワイン製造企業および政府はこうした消費者意識の変化に配慮しながら、消費者や社会のニーズを満たすワインを提供してゆくことが求められている。ニュージーランドのワイン業界も変化する市場需要に対応するために絶えずイノベーションを断行し、市場に適合するために挑戦し続けなければならなくなっている。

グローバル化とワイン産業

2010年代は、ニュージーランドのワイン産業にとってひとつの大きな転換期になる可能性がある。とりわけ、TPPやRCEPなどの諸外国との貿易・経済協定との関連において新たな変化が起きる可能性がある。

嘗ては、旧世界ワインと新世界ワインの市場はかなり明確に分かれていたように思われる。つまり旧世界ワインが世界的規模で流通していたのに対して、歴史の浅い新世界ワインは国内市場或いは特定の国・地域といった局地的な市場圏での流通に限定されてきた。言い換えると、世界のワイン市場において旧世界ワインと新世界ワインの棲み分けがおこなわれていたといえよう。ところが、少なくとも3つの理由によって、世界のワイン市場はひとつの市場に収斂しつつある。第1に、輸送時間と輸送コストの大幅な低下に伴い、ワインの輸送時間と輸送距離が大幅に縮まったことである。第2に、インターネットの普及などによってワイン市場に関する情報が瞬時に入手できるようになったことである。第3に、国際協定の締結や地域経済統合（FTAやEPAなど）の進展によって農産品の貿易自由化、市場解放が進んだ結果、あらゆるワイン生産国が世界のワイン市場と繋がったことである。この3つの理由によって、ワインの消費にも急速な変化が見られるようになっている。嘗てワインといえば、旧世界ワインの生産国或いはその周辺に位置する先進国がワインの主な消費市場であった。しかし現在では先進国のみならず経済発展によって豊かさを増した発展途上国とりわけ新興国などにおいてワインの消費が急速に伸びており、世界中の多くの国々でワインが消費されるようになっている。これらの結果、大量の新世界ワインが国際市場に進出し、もはや旧世界ワインと新世界ワインの区別がつきにくくなっている。両者に大きな違いがあるとすればそれは価格差や嗜好の違いによるものといえる。

ニュージーランドのワイン産業は、旧宗主国イギリス、そして経済的に密接な関係にある隣国オーストラリア、アメリカの三大市場に大きく依存して発展してきた。この3つの市場は、ニュージーランドワインの需要先として極めて重要であり、今後も、安定した輸出市場であるイギリス、アメリカ、オーストラリアの3大市場を軸にワインの輸出が展開されてゆくものと思われる。もうひとつは、中国、カナダ、オランダ、香港、シンガポールなどの2000年代の半ば以降輸出が大きく伸張している輸出先の台頭である。これらの市場はイギリス、オーストラリア、アメリカに対して、新興市場として位置づけられる。

ニュージーランドの貿易相手国が、嘗てのヨーロッパ諸国からアジア太平洋地域に大きくシフトしてきたことは既に触れた。ニュージーランドでは、現在までに10の国際経済協定が発効し、２つの協定が締結・合意に達し、５つの協定が交渉中である。経済緊密化協定、自由貿易協定は特定の国・地域との間での財（商品）やサービスに関する貿易の障壁を撤廃するものである。国際経済協定（地域統合）の急速な拡がりが、ニュージーランドのワイン産業にどのような経済効果をもたらすかについて現時点で予測することは困難であるが、少なくとも協定締結国間でのワイン貿易やワイン関連産業に対する投資が活発化することは間違いない。グローバル化の圧力が強まる一方、グローバル経済がエネルギー資源の逼迫や地球温暖化によって自然環境や社会環境を破壊し、経済基盤を脅かしかねないことや貿易自由化の進展と環境への負荷がトレードオフの関係にあることから、環境と共生可能な農業や食品製造の必要性を説く経済学者が少なくないことも事実である。

以上の諸事実を考え合わせると、ニュージーランドのワイン産業はいま新たな国際的チャレンジとワイン生産のイノベーション、構造改革の必要性に直面していると見ることができる。これらの諸問題を解決するにはニュージーランドのワイン産業の特徴である多様性とローカル性を保持しつつ10のワイン産地が、連携協力関係を保ちながら新製品開発やイノベーション競争の面でお互いに切磋琢磨しながらグローバル競争が激化しつつある国際ワイン市場に挑戦し続けなければならないといえる。

ワインの産業構造：大規模化と多様性の並立

ニュージーランドのワイン産業は生産数量20万ℓ以下の小規模ワイナリーが企業数の９割を占めている。一方、生産額や販売額で見ると、2000年代の後半以降上位企業への市場集中が進展し、上位６社の市場シェアが８割以上に達するなど寡占的な市場構造が形成されており、二極化している。2013年には、大手外資系ワイン製造企業によるローカルワイン製造企業の企業買収や吸収合併が進展し、2012年に703社を数えた企業数も699社に減少している。つまり2003年代以降、急速な製造企業数の増加が続いてきたニュージーランドのワイン産業にも業界再編の嵐が吹き始めたと見ることもできる。こうした業界再編の進展には、ワインの国際市場で進展している旧世界ワインと新世界ワインが入り交じった熾烈な市場争奪競争がその背景にあるものと思われる。国際市場への輸出圧力を強める旧世界ワインや価格競争によって市場シェアの拡大を目指しているチリワイン、オーストラリアワイン、南アフリカワインなどの新世界ワインと互角に競争するには一定のロットのワインの生産量が必要であり、生産コストの削減が必要である。このために、嘗てのMontana社や今回のConstellation社のように中堅企業を吸収合併することによって企業規模を拡大しようとする動きが強まることは自由競争社会では避けられない現象であるといえよう。そしてそれは、工業的なワイン生産の拡大がワインの画一化に繋がらないかという問題と、大規模化や寡占化をどの程度まで容認するのかという産業政策上の新たな課題を提起しているといえる。

一方、ワインの多様性に対する国内外の消費需要はワイン製造企業の９割を占める小規模ワイナリーの生産する多様性に富んだ個性的なワインを求めており、有機ワインやローカルワインのようなニッチ（Niche）商品の市場を拡大させる可能性がある。需要が多様化しているワイン市場ではプレミアムワインなどのような差別化されたワインの生産が重要であり、これらの差別化されたワインを生産している小規模ワイナリーの発展を促すこともニュージーランドのワイン産業のもうひとつの重要な課題であるといえよう。

小規模ワイン製造企業が地域の中核的な産業になっている地域では、地域の経済や雇用が小規模ワイナリーの存続によって成り立っている場合が多く、それらの地域では地域経済の発展、雇用創出の面からも小規模ワイン製造企業の存続が重要な課題になっている可能性がある。さらに国際市場の消費者ニーズが多様化し、環境問題や健康志向に適合的なワインが求められるようになるなど、多様性に依拠して存続してきた小規模ワイン製造企業にとって合理的な経済規模や市場環境が醸成されつつあると見ることもできる。問題は、こうした市場環境の変化に対して、小規模ワイン製造企業が合理的な企業経営を実現させることができるか否かの意志決定と経営管理能力にかかっている。事例分析で取り上げたHans Hernzog Estate Wineryの市場行動は、まさにこの点で小規模ワイン製造企業が存立してゆくための重要な課題を提起しているように思われる。小規模ワイン製造企業がどのような意志決定と市場行動をとるべきかは、個々のワイン製造企業が依拠している販売市場(国際市場か国内市場か、全国市場かローカル市場か、テーブルワインか、ギフト商品かなど）の性格によっても異なるが、各々のワイン製造企業の企業規模、販売市場の大きさ、販売市場の性格を十分見極めながらそれぞれの企業規模に相応しい企業戦略を選択し、実行に移すことが重要である。

持続可能なワイン生産の展開

ニュージーランドのワイン産業ではいま新たな発展方向を目指した取り組みが進展している。そのひとつが持続可能なワイン生産である。ニュージーランドでは、1994年のSustainable Winegrowers New Zealandの設立以降、ワイン業界が一丸となって持続可能なワイン生産に取り組んでおり、既に90%を越える原料ブドウが持続可能な生産方法によって生産されている。他のどのワイン生産国と比較しても、豊かな自然環境と汚染されていない土壌資源や水資源などの自然条件に恵まれたニュージーランドのワイン生産にとって持続可能なワイン生産は極めて重要な取り組みといえる。持続可能な栽培方法によって生産された原料ブドウを用いて生産されたワインは、国際市場で需要が拡大している有機ワイン、プレミアムワインなどの市場需要と適合的であり、低価格帯で販売されているチリ、アルゼンチン、南アフリカ、オーストラリアなどの他の新世界ワインに対して高価格帯での販売が可能であり、他の新世界ワイン生産国に比べて生産量の少ないニュージーランドワインが国際市場において独自の市場を開拓し、安定した市場を確保するための重要な要件のひとつになる可能性がある。グローバル化の進展によって旧世界ワインのみならず新世界ワインを含めたすべてのワインが世界市場と繋がった現在、世界のワイン市場はより競争的となり、他国のワインに対してどのような製品差別化が可能であるかがワイン生産国、ワイン製造企業の優勝劣敗、市場獲得の成否に大きく影響する可能性が高い。幸い、ニュージーランドには他のワイン生産国には見られない固有の自然資源や広大な農地が賦存しており、イギリスからの独立以降、これらの基礎資源を活用した乳製品やワインなどのResource-base industriesの育成・振興によって経済発展を成し遂げてきた。このResource-base industriesは、①加工度が低く、②所得弾力性が低いために、輸出成長率が低くなり、その結果、経済成長率も低くなると言われてきたが、このロジックはニュージーランドには当てはまらないように思われる。工業化や都市化の進展を背景に地球温暖化などの環境問題が全世界的な課題となる中で、クリーンでグリーンな食料生産を国是に掲げるニュージーランドのワイン産業にとって、自然環境と適合的なワイン生産はもとより消費者の健康と幸福を提案するワイン生産の方向、つまり、より消費者指向のワイン生産に転換することこそが、真に持続可能ななワイン生産を実現することに繋がるといえよう。

以上の議論は、ニュージーランドのワイン産業の展開方向について１つの考え方を示したものであるが、今後、ワイン製造企業のミクロ分析を通じて、その妥当性を確認する作業を実施しなければならないことを付け加えて、本章を締めくくりたい。

参考文献および資料

[第１章]

［１］Michael Cooper, Wine Atlas of New Zealand, 2012, pp.9-59.

［２］Kevin Judd/Bob Campbell, The Landscape of New Zealand Wine, 2010, pp.55-78.

［３］Michael Cooper, Guide to Wine of New Zealand: 2005-2013.

［４］Batt, P. Jand. A. Dean, 2000 “Factors Influencing the Consumer's Decision”, Then Australian and New Zealand Wine Industry, July-August, pp.34-40.

［５］Spawton T, 1998 “Building in the Wine Sector”, The New Zealand Wine Industry Journal 13; pp.417-420.

［６］New Zealand Winegrowers, http://www.nzwine.com

［７］Wankei Hoshino, Toshiharu Shimowatari, “Development and Changes in New Zealand Wine Industry” Bulltain of Food Business, 2014, pp.25-35.

[第２章]

［１］下渡敏治「食品産業のグローバル化のもとでの国内農業の課題」日本フードシステム学会『フードシステム研究』第９巻２号、2003年、p.23。

［２］USDA, New Zealand Wine Annual New Zealand Wine Report-2015, GAIN Report Number: NZ1501, 4/14/2015.

［３］Michael Beverland, Lawrence S. Lockshin, “Organizational Life Cycles in Small New Zealand Wineries”, Journal of Small Business Management, 2013, pp.354-362.

［４］The 2011 Import and Export Market for Wine Made from Fresh Grapes or Grape Must in New Zealand, Icon Group International, 2014, pp.10-24.

［５］Michael Cooper, “The Wine and Vineyards of New Zealand Paperback”, 2009, pp.15-20.

［６］下渡敏治「食品製造業のグローバリゼーションと国内原料調達」日本農業経済学会『農業経済研究』第75巻、第２号、2003年、pp.52-53。

[第３章]

［１］J. S. ベイン、宮沢健一監訳（1981）『産業組織論』丸善株式会社、pp.211-213。

［２］加藤譲（1988）「食品工業における生産集中とその決定要因」日本大学食品経済学科編『現代の食品産業』農林統計協会、pp.6-17。

[3]近藤康男編（1981）『酒造業の経済構造』東京大学出版会、pp.184-232。
[4]John M. Conner, The Food Manufacturing Industries: Structure, Strategies, Performance, and Policies, Lexington Books, pp.69-193.
[5]Runhua XIA（2012），Exporting New Zealand Wine to China, Degree of Master, Massey University.
[6]CIVB report（2008），“Bordeaux Wine economic profile”. Director of the report R, FEREDJ, counseil Interprofesionnel du Vin de Bordeaux, pp.5-7.
[7]Wankei Hoshino, Toshiharu Shimowatari（2014）“Development and Changes in New Zealand Wine Industry”, Bulletin of the Department of Food Business, Nihon University, pp.45-60.
[8]Kirby S Moulton（1988）“Economics of the Wine Industry” Academic press, New York. pp.352-366.

[第4章]

[1]Kumar, S., & Bergstrom, T. (2007). An explorative study of the relationship of export intermediaries and their trading partners. *Supply Chain Forum-An International Journal*, 8（1），pp.12-31.
[2]L Spanjaard and R Warburton, Supply chain innovation: New Zealand logistics and innovation August 2012, NZ Transport Agency research report 494, pp.32-35.
[3]Supply chain innovation: New Zealand logistics and innovation August 2012 Ministry of Agriculture & Forestry.（2007）. *Section 8 wine situation and outlook for New Zealand agriculture and forestry*（August 2007）. Retrieved September 11, 2007, from http://www.maf.govt.nz/mafnet/rural-nz/statistics-and-forecasts/sonzaf/2007/.Pp24-36.
[4]星野ワンケイ・下渡敏治「ニュージーランドにおけるワイン製造業の発展と小規模ワイナリーの市場行動」日本国際地域開発学会『開発学研究』Vol.26 No.1、2015年、pp.28-29。
[5]Refining New Zealand（2011）*Annual report 2011*. Accessed May 2012. www.refiningnz.com/our-investors/reports--releases/annual-reports.aspx, pp15-41.
[6]John Fernie and Leigh Sparks編、辰馬信男監訳『ロジスティクスと小売経営—イギリス小売業のサプライ・チェーン・マネジメント』白桃書房、2008年、pp.57-76。
[7]Rupert Tipples, Cottesbrook Wines-Hiccups in the supply chain from New Zealand to the United Kingdom, Faculty of Commerce Lincoln University, New Zealand, pp.77-79.

[8]Statistics New Zealand (2012) *New Zealand's exports*. Accessed May 2012. www.stats.govt.nz/browse_for_stats/snapshots-of-nz/nz-in-profile-2012/exports.aspx9.Supply Chain Forum: an International Journal, http://www.supplychain-forum.com.

[9]Deloitte, Vintage 2015 New Zealand wine industry benchmarking survey, A joint publication from Deloitte and New Zealand Winegrowers, December 2015.

[10]宇賀神重治（1993）「清酒メーカーの流通チャネル戦略」『日本醸造協会誌』第88巻第1号、pp.9-13。

[11]二宮麻里・ボージン＝シャミーバタチアナ（2012）「ボルドーワインの生販分業型流通システムと販売問題」『福岡大学商学論叢』第56巻第4号、pp.377-393。

[12]Thach, L. and T. Matz 編著、横塚弘毅・小田滋晃・落合孝次・伊庭治彦・香川文庸監訳（2010）『ワインビジネス―ブドウ畑から食卓までつなぐグローバル戦略―』昭和堂、pp.159-165。

[第5章]

[1]Deloitte, Vintage 2014 New Zealand wine industry benchmarking survey, A joint publication from Deloitte and New Zealand Winegrowers, December 2014, pp.5-19.

[2]USDA Foreign Agricultural Service, New Zealand Wine Annual New Zealand Wine Report-2015, pp.3-12.

[3]Anderson, K. (ed) (2004), The World's Wine Markets: Globalization at Work, Gheltenham: Edwards Elger Publishing Ltd, pp.32-41.

[4]宇賀神重治（1993）「清酒メーカーの流通チャネル戦略」『日本醸造協会誌』第88巻第1号、pp.9-13。

[5]二宮麻里・ボージン＝シャミーバタチアナ（2012）「ボルドーワインの生販分業型流通システムと販売問題」『福岡大学商学論叢』第56巻第4号、pp.377-393。

[6]Thach, L. and T. Matz 編著、横塚弘毅・小田滋晃・落合孝次・伊庭治彦・香川文庸監訳（2010）『ワインビジネス―ブドウ畑から食卓までつなぐグローバル戦略―』昭和堂

[7]伊庭治彦・小田滋晃（2005）「わが国のワイナリー経営と地域活性化の論理―地方中小ワイナリーの事業多角化を視点として―」『日本ブドウ・ワイン学会誌』16、pp.60-66。

[第6章]

[1]Donald. J, Ziraldo. P, "The Art of Wine at Inniskillin", Tronto, Canada: Key Porter Books, p.234.
[2]Deloitte, Vintage (2015) : New Zealand wine industry benchmarking survey, A joint publication from Deloitte and New Zealand Winegrowers, December 2015. pp.9-20.
[3]Betsy Donald (2009), "Contested Nations of Quality in a Buyer-Driven Commodity Claster: The case of Food and Wine in Canada", European Planning studies, pp263-280.
[4]Giuliani. E, (2008) "What drives innovative output in emerging clusters?", Evidence from the wine industry, paper N 169, Science and Technology Policy Research, SPRU Electronic Working Paper Series, pp.127-135.
[5]Giuliani. E, and M. Bell (2008), "Industrial clusters and the evolution of their knowledge networks; back again to Chile", Enterpreneurship and Innovation-Organizations, Institutions, Systems and Regions, Copenhagen, CBS, Denmark, pp.89-95.
[6]影山将洋・徳永澄憲・阿久根優子 (2006)「ワイン産業の集積とワイン・クラスターの形成—山梨県勝沼市を事例として—」日本フードシステム学会『フードシステム研究』第12巻3号、pp39-48。
[7]木村純子 (2013)「イタリアのワイン・クラスターの競争優位—DOCルガーナの事例—」法政大学イノベーション・マネージメント研究センター『WORKING PAPER SERIES』No.145、pp.2-18。
[8]Kevin Judd, Bob Aampbell. (2010) :The Landscape of New Zealand Wine, pp.55-78.
[9]朽木昭文 (2013)「アジア地域の産業クラスターの展望と課題—アジア成長トライアングルにおける「農・食文化クラスター」の形成—」日本国際地域開発学会『開発学研究』第24巻第1号、pp.13-15。
[10]朽木昭文・溝辺哲男・小田宗宏 (2013)「産業クラスター形成に向けた生物器官形成プロセスの適用分析—シークエンスの経済の存在可能性—』日本大学生物資源科学部紀要『人間科学研究』、pp.44-54。
[11]陳志金・下渡敏治 (2012)「中国における茶産業クラスターの展開—斥江省龍井茶の事例分析—」日本フードシステム学会『フードシステム研究』第19巻3号、pp.335-340。
[12]Nipe Andrew, York Anna, Hogan Dennis, Faull Jonathan, Baki Yasser (2010), "The South Australian Wine Cluster - Microeconomics of Competitiveness" , HARVARD UNIVERSITY, pp.10-30.

[13]長村知幸（2015）「クラスター理論の変遷と応用可能性―ワイン・クラスターの形成過程に関する予備的考察―」小樽商科大学学術成果コレクション『Barrel』、pp.219-320。
[14]長村知幸（2014）「北海道のワイン・クラスター形成プロセスに関する事例研究」『小樽商科大学商学論業』、pp.56-76。
[15]二神恭一・西川太一郎編（2005）『産業クラスターと地域経済』第７章所収、八千代出版、pp.79-83。
[16]西口敏宏・辻田素子（2005）「中小企業ネットワークの日中米比較―小世界組織の視点から」橘川武郎・連合総合生活開発研究所編『地域からの経済再生―産業集積・イノベーション・雇用創出』有斐閣、pp.159-189。
[17]原田誠司（2009）「ポーター・クラスター論について―産業集積の競争力と政策の視点―」『長岡大学研究論業』、pp.9-27。
[18]Hoshino Wankei, Toshiharu Shimowatari（2014）, "Development and Changes in New Zealand Wine Industry, BULLETIN of the DEPARTMENT OF FOOD BUSINESS NIHON UNIVERSITY, pp.46-49.
[19]ポーター・E・マイケル、竹内弘高訳（1999）『競争戦略論Ⅱ』ダイヤモンド社、pp.77-82。
[20]PORTER E. MICHAEL, BOND C. GREGORY（2008）"The California Wine Cluster", HARVARD BUSINESS SCHOOL, 9-799-124, pp.2-16.
[21]Morrison. A, & R., Rabellotti（2009）"Knowledge and Information Networks in an Italian Wine Cluster", European Planning Studies,17（7）, pp.983-1006.
[22]山崎朗（2005）「産業クラスターの意義と現実的課題」『組織科学』Vol.38 No.3、pp.1-12。
[23]山崎朗（2002）『クラスター戦略』有斐閣、pp.34-45。
[24] Spawton. T,（1998a）, "Building in the Wine Sector", The New Zealand Wine Industry Journal, No.l13, pp.417-420.
[25]斎藤修（2012）「紀州南高梅産地における流通システムの変化と生産及び加工への影響」日本フードシステム学会『フードシステム研究』第19巻３号、pp.311-316。
[26]PORTER E. MICHAEL, ANDREW NIPE, ANNA YORK（2010）"The South Australian Wine Cluster", HARVARD BUSINESS SCHOOL, pp.2-28.

[第７章]

[１]星野ワンケイ・下渡敏治（2015）「ニュージーランドにおけるワイン製造業の発展と小規模ワイナリーの市場行動」『開発学研究』、pp.26-27。
[２]Andrew K. Dragun, Clem Tisdell（1999）Sustainable Agriculture and Envoronment, Edward Elger, pp.38-52.

[3]Colman, Tyler, and Pablo Paster. "Red, White, and 'Green' : The Cost of Greenhouse Gas Emissions in the Global Wine Trade." Journal of Wine Research 20.1 (2009) : 15-26.

[4]Dwiartama A, Fukuda Y, Woodford K, Manhire J, Moller H, Mavromatis G, Stirling F, Saunders C, Byrom A, Moller S and Rosin C. International research collaboration for agricultural sustainability: opportunities for partnership with the New Zealand Sustainability Dashboard. 2013. The NZ Sustainability Dashboard Research Report 13/11 Published by ARGOS. [Online at: www.nzdashboard.org.nz]

[5]Fotopoulos, C., Krystallis, A., Ness, M., (2003). "Wine produced by organic grapes in Greece: using means-end chains analysis to reveal organic buyers" purchasing motives in comparison to the non-buyers. Food Quality and Preference, 14 (7) : 549-566.

[6]Goodman S., Lockshin L., Cohen E., (2007). Influencers if consumer choice in a retail setting - more international comparisons. The Australian and New Zealand Wine Industry Journal, Vol.22, No6, pp.42-48.

[7]Gonzalez, Alaitz, Anatoli Klimchuck, and Michael Martin. "Life Cycle Assessment of Wine Production Process: Finding Relevant Process Efficiency and Comparison to Eco-wine Production." Journal of Environmental Management (2006).

[8]Ross, Carolyn F., Karen M. Weller, Robert B. Blue, and John P. Reganold. "Difference Testing of Merlot Produced from Biodynamically and Organically Grown Wine Grapes." Journal of Wine Research 20.2 (2009) : 85-96.

[9]Squires, L., Juric, B., Cornwell, B.T, (2001). Level of market development and intensity of organic food consumption: cross-cultural study of Danish and New Zealand consumers, Journal of Consumer Marketing, vol.18, no5, pp.392-409.

[10]Petti, Luigia, Camillo De Camillis, and Paola Mtteucci. "Life Cycle Approach in an Organic Wine Making Firm: An Italian Case-Study." Department of Management, Statistical, Technological and Environmental Science University "G.d' Annunzio" (2006) .

[11]Wankei Hoshino, Toshiharu Shimowatari (2014) Development and changes in New Zealand Wine Industry, Bulltin of the Food Business, Nihon University, pp.56-57.

[第8章]

[1]下渡敏治「東アジアと環太平洋」堀口健治・下渡敏治編著『世界のフードシ

ステム』農林統計協会、2005年、pp.245-260。
[2]下渡敏治「オープンリージョナリズムと国際分業の新展開」下渡敏治・小林弘明編著『グローバル化と食品企業行動』農林統計出版、2014年、pp.9-22。
[3]下渡敏治「加工食品輸出の現状と今後の展開方向」財団法人食品産業センター『明日の食品産業』2014年、pp.5-10。
[4]下渡敏治「アジア太平洋地域における消費者の市場ニーズの開拓」2014年度日本ニュージーランド会議報告資料。
[5]日本貿易振興機構（ジェトロ）「2015年度世界貿易統計」pp.249-254。
[6]星野ワンケイ・下渡敏治「ニュージーランドにおけるワイン製造業の発展と小規模ワイナリーの市場行動」日本国際地域開発学会『開発学研究』2015年、pp.24-33。
[7]「東アジアの地域包括的経済連携（RECP）をどうみるか」日本貿易振興機構、pp.30-40。
[8]Agreement between New Zealand and Singapore on a Closer Economic Partnership（ANZSCEP）http://www.commonlii.org/sg/other/treaties/2000/1/NZS_agreement.html
[9]New Zealand ANZSCEP
[10]http://www.insis.com/free-trade-agreements/ANZSCEP.pdf
[11]稲永直人・山本康貴「ニュージーランド・シンガポール間および日本・シンガポール二国間自由貿易協定（FTA）における原産地規則の比較分析」『北海道大学農經論叢』60: 147-160。
[12]New Zealand Ministry of Foreign Affairs and Trade（2005）, The New Zealand- Singapore- Chile- Brunei Darussalam Trans- Pacific Strategic Economic Partnership pp.18-25.

[第９章]

[1]Ministry for Primary Industries, Government of New Zealand, Wine Act 2003, Reprint as at 5 December 2013, pp.8-125.
[2]Liz Thach and Tim Matz, Wine: A Global Business, Miranda Press, 2004, pp.280-291.
[3]マイケル E・ポーター、竹内弘高訳『競争の戦略Ⅱ』ダイヤモンド社、1999年、pp.173-179。
[4]ウォルター・アダムス編、金田重喜訳『現代アメリカ産業論』創風社、1987年、pp.51-58。
[5]山下範久『ワインで考えるグローバリゼーション』NTT出版、2004年、pp.200-215。
[6]青木昌彦・伊丹敬之著『企業の経済学』岩波書店、1985年、pp.226-245。

[７]宮崎義一著『現代企業論入門』有斐閣、1988年、pp.246-261。
[８]宮崎義一著『現代資本主義と多国籍企業』岩波書店、1987年、264-273。
[９]マックローン著、井上照丸訳『農業補助政策の経済学的考察―イギリス農業政策の研究―』農政調査委員会、1964年、pp.109-112。

あとがき

近年、百貨店や酒販店はもとよりスーパーマーケットやコンビニの酒類売り場でもフランス、イタリア、スペインなどの旧世界ワインとともに、チリワインやオーストラリアワインといった新世界ワインを目にする機会が多くなった。ワインは世界で最も歴史の古いアルコール飲料のひとつであり、ヨーロッパを中心に多くの国々で人々の生活に欠かせない飲料として愛飲されてきた。しかしワイン生産の歴史の浅い日本では、山梨などのごく一部の地域を除いてワインはほとんど消費されてこなかった。日本でワインが本格的に消費され始めたのは1980年代以降である。その後、日本でもワインはビールやウイスキーや日本酒や焼酎などとともに、私たちの生活に欠かせないアルコール飲料のひとつになりつつある。しかしながら、日本で消費されているワインはフランス、イタリアなどの旧世界ワインが大部分を占めており、チリワインなどの新世界ワインが日本に輸入されるようになったのはつい最近のことである。世界のワイン市場に大きな構造変化が起きていることなどを踏まえて、今回、日本ではほとんど無名に近いニュージーランドワインの研究成果の一端を出版することにした。ワインの発祥には諸説があるが、数千年前から東ヨーロッパなどで醸造され、既にローマ帝国の時代にはヨーロッパ各地で産業として栄えた記録が残されている。それにも関わらず、世界の主だったワイン産地やワイン産業の展開について、経済学的手法を用いて体系的に整理した書物は皆無に近い。執筆者二人によるニュージーランドワインの研究プロジェクトがスタートしたのが2013年８月であるから、３年余の時間が経過したことになる。しかしこの間、ニュージーランドのワイン産業の研究が順調に進んだわけではない。種々の事情によって研究の遂行には紆余曲折があり、途中で研究を断念せざるを得ない時期もあった。研究が大きく前進したのは2015年の５月以降である。

ニュージーランドのワイン産業の研究は、執筆者のひとり星野が家族で

Aucklandに移住していたことや、この間、英国や米国のワインソムリエの資格を取得したり、AucklandのWineryで２年間インターンシップを経験したことに加えて、星野が日本大学大学院博士後期課程に社会人として入学したことがワインの研究を始めるきっかけとなった。ニュージーランドと日本との間には8,788km（5,493マイル）の距離があることから、星野の短期間の日本滞在を除くと研究はもっぱらe-mailや電話でのやりとりで行わねばならず、十分な意思疎通が困難なことも少なくなかった。新世界ワインに関するわれわれの研究は未だ研究途上にあり、分析すべきいくつかの課題が残されているが、とりあえず研究にひとつの区切りを付けるという意味から不十分な内容ではあるが今回の出版に踏み切ることを決意した。

本書でも触れたように、ニュージーランドのワイン産業はフランス、イタリアなどの旧世界ワインに比べて歴史が浅く、産業として本格的な発展が開始されたのは1990年代の終わりから2000年代以降である。ニュージーランドは、1999年にTPP（環太平洋パートナーシップ協定）の端緒となるシンガポールとの自由貿易協定（FTA）の交渉を開始し、2003年にはチリを加えたPacific3、2004年にはブルネイ（Pacific4）が、2008年にはアメリカがPacific4への参加を表明し、2013年には日本もTPPへの参加を表明した。そして2015年の２月には参加12カ国によるTPPの合意が成立し、現在、協定発効に向けた準備作業が進展している。さらに日本とニュージーランドとの間には執筆者のひとり下渡も参加した日本・ニュージーランド会議（第６回、札幌開催）などを通じた両国の経済関係や民間交流が進展している。本書の刊行を機に、日本の多くのワイン愛好家の方々にニュージーランドワインの素晴らしさを知っていただき、日本とニュージーランドの経済・友好関係がますます緊密になることを願っている。本書がその一助となれば幸いである。

本書を取り纏めるにあたっては、ワイン関連の統計資料の提供やヒアリング調査などを含めて暖かく手を差し伸べて支援していただいたNew Zealand WinegrowerのChief DirectorのSimon Hooker博士をはじめ多くのワイン関係者に多大なご協力をいただいた。Soljan Estate WineryのTony Soljan社長、Mahi Estate

WineryのBrian Bicknell 社長、Hans Hernzog Estate WineryのMs. Ashleigh、Organic WinegrowrsのArnst Bart会 長、Federal Merchants & CoのAidin Dennis社長、Wine Works MarlboroughのDamien Gillman Director、Lincoln University醸造学科の Glen Creasy博士、WinemarkerのMr. Aaron Bilcich、New Zealand Wine Growers Marlborough支部のGeneral Manager Marcus Pickens氏、Folium VineyardのTakaki Okada氏、Bob Campbell MWNZのAdrian Hansen氏とDavid Woods氏、New Zealand School of Wine & Foodの校長Mrs. Celia Hayの皆様方に深甚より感謝の意を表したい。

さらにヒアリング調査で訪問した際に醸造中のワインを試飲させていただくなどニュージーランドワインの知識に乏しい執筆者に貴重な知見を与えていただいた多くのWine Markerの方々、さらには図表の指導にご協力いただいた農協流通研究所立花主任研究員、台湾大学の李坤彥教授に対して感謝の意を表したい。これらの方々の協力なしには本書を刊行することは不可能であった。

最後に、本書の出版にご尽力いただいた筑波書房の鶴見治彦社長に心より感謝の意を表したい。

2017年立春

星野　ワンケイ

下渡　敏治

【著者略歴】

星野 ワンケイ [Wankei Hoshino]

〔略歴〕

日本大学大学院生物資源科学研究科生物資源経済学専攻博士課程修了，博士（生物資源科学）平成 23 年 4 月～株式会社今福屋取締役，平成 28 年 2 月，WANKEI NEW ZEALAND CO., LIMITED/Managing Director, 平成28年6月，International Wine and Food Society ニュージーランド支部アジア担当，米国ISG国際ソムリエ協会認証資格，英国WESTワイン教育基金会1, 2, 3級認証資格，主要著書『新西兰之葡萄酒产业—市场构造、企业行动、制品戦略』（共著）光明日報出版社（中国・北京），「ニュージーランドにおけるワインの市場構造に関する一考察－市場構造形成要因を中心に－」フードシステム研究第 21 巻 3 号，「紐西蘭葡萄酒産業的市場競争結構行為之研究（中国語）」第 6 回台湾応用経済学会誌，「ニュージーランドにおけるワイン産業の発展と小規模ワイナリーの市場行動」開発学研究第 46 巻 3 号，「ニュージーランドにおける持続可能なワイン生産の展開」食品経済研究第 44 号ほか。

下渡 敏治 [Toshiharu Shimowatari]

〔略歴〕

日本大学生物資源科学部食品ビジネス学科教授・農学博士，農林水産省グローバル・フードバリューチェーン戦略推進官民協議会委員，農林水産物等輸出促進事業選定審査委員会委員長（農林水産省大臣官房国際部），グローバル農商工連携推進事業審査委員会委員長（経済産業省），日本フードシステム学会副会長などを歴任。専門は，国際フードシステム論，主要著書「グローバル化と食品企業行動」（編著），「インドのフードシステム－経済発展とグローバル化の影響—」（編著），「東アジアフードシステム圏の成立条件」（編著），「食と商社」（共著），「グローバリゼーションとフードエコノミー」（共訳），「世界のフードシステム」（編著），『新西兰之葡萄酒产业—市场构造、企业行动、制品戦略』（共著）光明日報出版社（中国・北京），「グローバル化・地域統合と日本のフードシステム」フードシステム研究第 22 巻 2 号ほか多数。

世界最南端のワイン産地
ニュージーランドのワイン産業

2017年3月30日　第1版第1刷発行

著　者 ◆ 星野 ワンケイ・下渡 敏治
発行人 ◆ 鶴見 治彦
発行所 ◆ 筑波書房
東京都新宿区神楽坂2-19 銀鈴会館 〒162-0825
☎ 03-3267-8599
郵便振替 00150-3-39715
http://www.tsukuba-shobo.co.jp

定価は表紙に表示してあります。
印刷・製本＝平河工業社
ISBN978-4-8119-0502-0　C3033